DAS BUCH FÜR IDEEN SUCHER

DENKANSTÖSSE, INSPIRATIONEN
UND IMPULSE FÜR KREATIVE

Wir hoffen, dass Sie Freude an diesem Buch haben und sich Ihre Erwartungen erfüllen. Ihre Anregungen und Kommentare sind uns jederzeit willkommen. Bitte bewerten Sie doch das Buch auf unserer Website unter **www.rheinwerk-verlag.de/feedback**.

An diesem Buch haben viele mitgewirkt, insbesondere:

Lektorat Ruth Lahres
Korrektorat Marita Böhm, München
Herstellung Janina Brönner
Layout Vera Brauner
Einbandgestaltung Mai Loan Nguyen Duy
Coverbild und Kapitelbilder Mai Loan Nguyen Duy
Satz zienke.design / weiss.design, Stefan Zienke; Janina Brönner
Druck Firmengruppe Appl, Wemding

Dieses Buch wurde gesetzt aus der FF Quadraat (9,85 pt/14,5 pt) in Adobe InDesign.
Gedruckt wurde es auf chlorfrei gebleichtem Offsetpapier (100 g/m²).
Hergestellt in Deutschland.

Bibliografische Information der Deutschen Nationalbibliothek:
Die Deutsche Nationalbibliothek verzeichnet diese Publikation in der Deutschen Nationalbibliografie; detaillierte bibliografische Daten sind im Internet über http://dnb.d-nb.de abrufbar.

ISBN 978-3-8362-7807-2

2., aktualisierte und erweiterte Auflage 2020

Informationen zu unserem Verlag und Kontaktmöglichkeiten finden Sie auf unserer Verlagswebsite **www.rheinwerk-verlag.de**. Dort können Sie sich auch umfassend über unser aktuelles Programm informieren und unsere Bücher und E-Books bestellen.

LIEBE LESERIN, LIEBER LESER,

Sie werden es schon festgestellt haben: Ideen zu finden ist harte Arbeit. Sie sind rar und flüchtig und verstecken sich gern. Doch wenn Sie klug suchen, kommen Sie ihnen auf die Schliche!
Um auf gute Ideen zu kommen, gibt es verschiedene Wege. Sicher haben auch Sie funktionierende Methoden, die Sie immer wieder anwenden. Manchmal aber laufen wir mit unseren üblichen Techniken ins Leere, und die Ideen bleiben aus. Keine Sorge, denn nun gibt es für jeden Ideensucher Hilfe: Dieses Buch möchte eine Art Kompass für Sie sein, der Ihnen den Weg durch die Möglichkeiten der Ideenfindung weist. Es beginnt damit, Ihnen die Angst vor dem weißen Blatt zu nehmen, indem es Tipps gegen die Aufschieberitis verrät. Es öffnet Ihnen die Augen für Ideen, die bereits im Briefing, der Zielgruppen- und Markenanalyse stecken und verrät dann wirklich funktionierende Kreativtechniken, die auch die Großen der Branche benutzen. Und so können Sie sicher sein: Mit den hier vorgestellten Denkanstößen, Kreativtechniken und Anregungen wird Ihnen (wieder) ein überzeugendes Logo oder Cover, eine bahnbrechende Produktentwicklung, eine zündende Marketingmaßnahme oder eine innovative Gestaltung gelingen!
Ich wünsche Ihnen viel Erfolg beim Graben und hoffe, dass Sie viele interessante Insights und Ideen zutage fördern werden.

Ihre Ruth Lahres
Lektorat Rheinwerk Design

ruth.lahres@rheinwerk-verlag.de
www.rheinwerk-verlag.de
Rheinwerk Verlag • Rheinwerkallee 4 • 53227 Bonn

INHALT

IDEEN MUSS MAN HABEN.

DER TREIBSTOFF,
DER DIE MENSCHHEIT
VORANBRINGT.

ALLES BEGINNT MIT EINER IDEE.

Zu den wunderbaren Eigenschaften des Menschen gehört seine ständige Unzufriedenheit. Kaum hat er sich einen Wunsch erfüllt, jagt er auch schon dem nächsten hinterher. »Mit etwas unzufrieden zu sein« hat einen negativen Beigeschmack – tatsächlich ist es aber das Beste, was dieser Welt passieren kann.

Stellen Sie sich vor, die Steinzeitmenschen hätten sich auf Dauer mit dem Leben in Höhlen arrangiert. Stellen Sie sich vor, unsere Vorfahren hätten sich mit Tierfellen begnügt und wären mit Pferden und Kutschen als Transportmittel glücklich gewesen. Stellen Sie sich vor, sie hätten den Rechenschieber für das Nonplusultra gehalten, das man keinesfalls noch übertreffen kann. Nein, stellen Sie sich das lieber nicht vor. Die Welt, wie wir sie heute kennen, ist sicher komfortabler und interessanter. Wie würde unsere Welt heute aussehen, wenn sich unsere Vorfahren mit der Welt zufriedengegeben hätten, wie sie ist – und sich nicht gefragt hätten, wie sie sein kann?

Unzufriedenheit und Erfindergeist. Zum Glück gehören Unzufriedenheit und Erfindergeist zum Wesen des Menschen dazu. Wir hirnen, tüfteln, schrauben und feilen ständig daran, die Welt noch besser, schöner und angenehmer zu machen. Und zwar in allen Bereichen. Ingenieure arbeiten an Motoren, die mehr leisten und weniger verbrauchen. Chemiker forschen an Medikamenten, die Krankheiten in die Knie zwingen. Designer zerbrechen sich den Kopf über eine Gestaltung, die nicht nur funktional und praktisch, sondern auch ästhetisch ist. Wissenschaftler versuchen, Saatgut herzustellen, das auch unter extremen Umweltbedingungen eine reiche Ernte garantiert.

Es gibt kaum ein Feld, in dem sich der Mensch zufrieden zurücklehnt, die Füße hochlegt und sagt: Wunderbar, besser geht es nicht. Denn er weiß: Es geht immer besser. Und sollte eine Generation doch mal in diesen Irrtum verfallen, dann kommt garantiert nach einigen Jahren die nächste Generation und belehrt sie eines Besseren: Im Mittelalter war Land die entscheidende Ressource. Später kam Kapital hinzu. Beides wurde abgelöst von Wissen. Seit es das Internet gibt, geht es um digitale Ideen.

Ideen bringen die Menschheit voran. Es ist eine Freude, in einer Zeit zu leben, in der wir so weit gekommen sind und in der wir so viele Möglichkeiten haben.

Alles beginnt mit einer Idee. Noch bevor es ein Flugzeug gab, gab es die Idee, Menschen fliegen zu lassen wie Vögel. Noch bevor der erste Computer zu Hause auf dem Tisch stand, stand erst einmal die Idee im Raum, schrankgroße Rechenmaschinen dramatisch zu verkleinern und für jede Privatperson erschwinglich zu machen. Bevor es Facebook gab, gab es die Idee, sich über das Internet mit seinen Freunden austauschen zu können. Bevor Beethoven auf dem Klavier »Für Elise« anstimmen konnte, musste er erst einmal die Idee für die Melodie haben.

Kurzum: Der Treibstoff, der die Menschheit voranbringt auf ihrem Weg, sind Ideen. Erst kommt die Idee, dann alles andere. Keine Idee, kein Fortschritt. Weder im großen, globalen Maßstab noch auf lokaler Ebene in unserer eigenen kleinen Alltagswelt. Es ist also im Interesse von uns allen, dass möglichst viele schöne Ideen das Licht der Welt erblicken.

Dabei bringen nicht nur große Ideen die Welt voran, sondern auch die kleinen. Oft sind es sogar die kleinsten Mosaiksteinchen, die Bewegung in eine festgefahrene Situation bringen und so am Ende einen Beitrag zu etwas Großem leisten.

Kreativität als Treiber des Wohlstands. Ideen sind die Speerspitze von Fortschritt und Wohlstand. Aus innovativen Gedanken können neue Unternehmen, Produkte und ganze Wirtschaftszweige entstehen. Edison erfand nicht nur die Glühbirne und Zuse nicht nur den Computer, die beiden begründeten eine ganz neue Ära. Es mag etwas pathetisch klingen, aber eine einzige brillante Idee kann die Welt verändern. Vielleicht nicht von heute auf morgen, aber in Zeiten des Internets so schnell wie noch nie.

Nichts bleibt, wie es ist. Ideen sorgen dafür, dass sich unsere Welt immer schneller verändert. Was heute noch gilt, kann morgen schon wieder ganz anders aussehen.

Auch die Wirtschaft hat den Wert von Ideen begriffen: 2010 kam eine IBM-Studie mit über 1500 Firmenchefs aus 60 Ländern zu dem Schluss, dass Kreativität der wichtigste Faktor für zukünftigen ökonomischen Erfolg sei.[1]

1 Wellershoff, Marianne: »Funkenflug des Geistes«. In: Spiegel Wissen »Kreativität«, Ausgabe 2/2016, Seite 19

Aktueller Erfolg sagt wenig darüber aus, wie erfolgreich ein Unternehmen nächstes Jahr sein wird. Nokia etwa gilt als Paradebeispiel für einen gefallenen Marktführer. Bis 2008 war das Unternehmen aus Finnland noch die unangefochtene Nummer 1 im entstehenden Smartphone-Markt. Das Management jedoch verweigerte sich dem Touchscreen-Trend – und führte Nokia so in die Bedeutungslosigkeit. Auch Polaroid verlor seine exzellente Position auf dem Markt, weil das Unternehmen zu lange an seiner Vorstellung von Fotografie festhielt. Als Digitalkameras aufkamen, verlor Polaroid alles. Der Weg von »Hero to Zero« ist überraschend kurz. Wer nicht ständig innovativ ist und sich selbst neu erfindet, droht, von aggressiven Start-ups verdrängt zu werden.

Für Arbeitnehmer ist es ebenfalls wichtig, ständig am Ball zu bleiben und ihre Kreativität zu kultivieren. Zum einen, weil die Halbwertzeit von Fachwissen immer kürzer wird. Zum anderen aber auch, um sich im Unternehmen unersetzbar zu machen. Forscher der Universität Oxford haben berechnet, dass rund 47 Prozent aller Arbeitsplätze in den USA einem hohen Risiko ausgesetzt sind, der Automatisierung zum Opfer zu fallen.[2] Gut, wer mit seinem Ideenreichtum punkten kann, denn wirklich kreative und schöpferisch »denkende« Roboter wird es bis auf Weiteres nur in Science-Fiction-Geschichten geben.

JEDER KANN IDEEN HABEN.

Frederik Pferdt, Head of Innovation and Creativity Programs bei Google, sagt auf die Frage, ob jeder Mensch das Potenzial habe, kreativ zu

2 Schnurr, Eva-Maria: »Die Kulturrevolutionäre«. In: Spiegel Wissen »Kreativität«, Ausgabe 2/2016, Seite 82

sein: »Mehr noch als nur das Potenzial. Wir alle sind von Natur aus kreativ und werden mit dieser Eigenschaft geboren. Wir beschäftigen uns bei Google mit dem Thema sehr intensiv und haben dabei unter anderem gelernt, dass Kreativität wie eine erneuerbare Energie ist: Man muss sie zwar manchmal neu aufladen, aber die geht uns nie aus.«[3]

Im Prinzip kann jeder ein einfallsreicher Mensch sein, der ständig tolle Ideen hat. Ein Hindernis dabei ist allerdings, dass nicht jeder glaubt, dass er dazu in der Lage ist. Tatsächlich gibt es viele Menschen, die das für sich ausschließen. Ideen haben? Nein, nein, um Himmels willen! Ideen haben immer nur die anderen, heißt es dann.

Das ist zwar richtig, aber nur deshalb, weil derjenige es gar nicht erst versucht. Er redet sich hartnäckig ein, es nicht zu können. Die Angst, es nicht zu schaffen, führt dazu, dass man schon von vornherein aufgibt. Manchmal beruht diese Einstellung auf Erfahrungen aus der Kindheit. Schon im Kindergarten hatte man keine Idee, was man malen soll. Und so hat man erstens gelernt, dass man einfach nicht kreativ sein kann, und zweitens, dass es sich frustrierend anfühlt, es zu versuchen. Es liegt auf der Hand, dass solche Personen wenig motiviert sind, sich selbst noch einmal eine Chance zu geben. Die Lösung wäre, es tatsächlich noch einmal zu versuchen, sich diesmal aber mehr Zeit zu geben und sich nicht so hineinzusteigern. Wir werden später auch eine Übung kennenlernen, wie man seinen Kreativmuskel Tag für Tag trainieren kann. Denn eine exzellente Idee muss kein Zufall sein.

---

3 Schulz, Thomas: »Zwischen Sicherheit und Freiheit: Frederik Pferdt, Googles Innovationschef, erklärt, wie Unternehmen eine Ideenkultur fördern können«. In: Spiegel Wissen »Kreativität«, Ausgabe 2/2016, Seite 69

»EINE EXZELLENTE IDEE MUSS KEIN ZUFALL SEIN. MIT EINER MISCHUNG AUS RICHTIGER EINSTELLUNG, KONZENTRATION, MOTIVATION UND EINEM KLUGEN VORGEHEN KOMMT MAN ZUVERLÄSSIG ZU GUTEN ERGEBNISSEN.«

Wann küsst mich die Muse? Eine ebenso große Blockade ist eine falsche Vorstellung davon, wie Kreative auf Ideen kommen.
Viele denken, dass nicht die Kreativen auf die Idee kommen, sondern umgekehrt: Die Idee kommt zu den Kreativen. Damit ist die Vorstellung gemeint, dass der Dichter und Denker einsam am Schreibtisch sitzt und darauf wartet, dass ihn die Muse küsst. Er sitzt da, starrt Löcher in die Luft und tut nur eines: warten. Er überlegt nicht, nein, er wartet auf die Muse. Die Muse, in alten Zeichnungen als schöne Frau dargestellt, gilt als Sinnbild für die Inspiration zu einer Idee. Der Kuss der Muse ist gleichbedeutend mit »eine Idee haben«.

Nach dieser Vorstellung hat Kreativsein also viel mit Warten und Glückhaben zu tun. Man begibt sich nicht aktiv auf die Jagd nach einer Idee, man wartet auf einen Einfall, auf einen Geistesblitz, der sich überraschend und unkontrollierbar einstellt – oder eben nicht.

Lassen Sie mich in aller Deutlichkeit betonen, dass keine Vorstellung unzutreffender sein könnte als diese.

Nichts gegen Kreative, die sich mit schönen Musen umgeben. Wirklich notwendig sind sie aber nicht. Die Botschaft dieses Buchs lautet: Ob man auf eine gute Idee kommt oder nicht, muss keine Glückssache sein. Jeder hat es selbst in der Hand. Und kann sein Ergebnis aktiv beeinflussen. Kurzum: Jeder kann Ideen haben.

Als ich das Spielemuseum in Nürnberg besuchte, fiel mir ein Aufsteller mit einem Zitat von Spieleerfinder Alex Randolph ins Auge: »Alle Leute könnten erfinden – davon bin ich überzeugt –, wenn sie es wollten und davor nicht Angst hätten. Wir wissen ja, dass alle Kinder erfinden. Wenn sie kein fertiges Spiel zur Hand haben, nehmen sie irgendetwas und machen etwas anderes, Brauchbares daraus. Eine Dose wird ein Ball. Eine Schachtel wird ein Auto. Aber es kommt ein Punkt, wo dieser kreative Drang nachlässt. Sie hören auf zu erfinden. Während ich nicht aufgehört habe. Vielleicht erklärt das alles.«

Nehmen Sie die Ideenfindung selbst in die Hand. Leider ist es nur in den seltensten Fällen so, dass man sich hinsetzt, eine Minute nachdenkt und mit einer großartigen Idee wieder aufsteht. Bei den wenigsten Kreativen sprudeln die brillanten Ideen auf Knopfdruck. In den meisten Fällen muss man mehr Transpiration als Inspiration in den Prozess hineingeben. Wie heißt es doch so schön: Die Muse küsst den Tüchtigen.

In diesem Buch werde ich den Schleier vom Mysterium »Ideenfindung« ziehen. Fragt man 100 Kreative danach, wie sie auf Ideen kommen, bekommt man womöglich 100 verschiedene Antworten.
Das bedeutet aber nicht, dass man keine klaren Prozesse beschreiben könnte. Oft machen es sich erfolgreiche Kreative sehr einfach, indem sie sagen, die Ideenfindung sei ein Mysterium. Sie ist es ein Stück weit, aber trotzdem kann man seine Vorgehensweise mit anderen teilen. Sie für sich zu behalten und von einem »Mysterium« zu sprechen, bringt die Welt nicht weiter. Ideenfindung ist zwar keine Mathematik, aber trotzdem kann man Prozesse definieren.
Und so haben Sie hiermit kein Buch in der Hand, sondern einen Kompass, der Sie durch das Chaos der kreativen Möglichkeiten führen möchte.
Ich lade Sie ein: Kommen Sie mit auf eine Reise zu den Möglichkeiten der Ideenfindung. Sie werden unterwegs nicht nur inspirierende Geschichten hören, sondern auch Methoden und Prozesse kennenlernen, mit denen Sie leichter auf Ideen kommen können.

Das Ganze soll nicht theoretisch und abgehoben sein, sondern so, dass Sie konkret und praktisch in Ihrem Alltag etwas damit anfangen können. Ich hoffe, Ihnen gefällt diese Idee.

Ich wünsche Ihnen viel Freude bei der Lektüre.

DAS GEHEIMNIS EXZELLENTER IDEEN.

Warum haben manche Kreative bessere Ideen als andere? Chuck Porter von der berühmten internationalen Kreativagentur Crispin Porter + Bogusky sagt dazu: »Kreativität ist nichts Magisches, es gibt weder einen besonderen Trick noch eine Methode dafür.«[4]
Ich möchte das so nicht stehen lassen. Richtig ist, dass man keinen geheimen Zaubertrank brauen kann, durch den man plötzlich zum Ideen-Genie wird. Zwei Knoblauchzehen, einen Schuss Rotwein, drei Haare einer schwarzen Katze, Basilikum auf mittlerer Flamme im Mondlicht köcheln lassen und dann auf ex trinken? Leider nein, so geht es nicht.

Trotzdem gibt es zahlreiche Hilfsmittel, mit deren Unterstützung wir auf gute Ideen kommen werden.

Zum einen werden wir uns ein Routine-Start-Programm zulegen, mit dem wir die lähmende Angst vor dem weißen Blatt überwinden und ohne Zeitverlust geradewegs loslegen können.
Zum anderen werden wir uns dann mit zahlreichen Kreativtechniken beschäftigen.

---

4 Groeneveld, Benno: Die Idee ist der Boss. In: w&v, Nr. 46/2005, Seite 40

**»DRANBLEIBEN –
EGAL WIE.
SO HEISST DIE MAGISCHE
FORMEL.«**

Am Ende geht es dabei um Folgendes – und jetzt kommt tatsächlich meine Version vom Geheimnis exzellenter Ideen:

Es geht darum, sich auf den Hosenboden zu setzen und sich konzentriert mit dem Problem zu beschäftigen.

Brillante Ideen sind harte Arbeit. Aber man ist gut beraten, nicht irgendwie ins Blaue hinein zu überlegen, sondern strukturiert und methodisch vorzugehen. Wer seine Kreativität in geordnete Bahnen lenkt, erspart sich eine gute Portion Angst und Stress. Auch die richtige Einstellung, das richtige Mindset, ist von allergrößter Bedeutung.

Gerne hätte ich Ihnen das Zaubertrank-Rezept geliefert, aber da es das nicht gibt, müssen wir den anderen Weg gehen. Keine Sorge: Dieser Weg ist vielleicht nicht so schnell, aber sehr interessant. Übrigens: Als kleinen Leckerbissen werde ich Ihnen später bei den Kreativtechniken unter anderem auch eine Zaubertrank-Technik vorstellen. Ganz ohne Katzenhaare. Versprochen.

WIE MAN EXZELLENTE IDEEN ERKENNT.

Woran erkennt man, ob eine Idee gut ist oder nicht? Der Art Directors Club für Deutschland (ADC), der jedes Jahr die wichtigste Kreativauszeichnung Deutschlands vergibt, hat fünf Bewertungskriterien für exzellente Ideen aufgestellt.

Die fünf ADC-Jury-Regeln.

1. **Originalität.** Ist die Arbeit neu und originär? Durchbricht sie Normen?
2. **Klarheit.** Ist die Arbeit leicht erfassbar? Werden die Inhalte sofort begriffen?
3. **Überzeugungskraft.** Werden die Argumente für das Produkt glaubwürdig wiedergegeben?
4. **Machart.** Ist die Arbeit handwerklich überzeugend? Stimmen alle Einzelheiten, und ergeben sie ein homogenes Ganzes?
5. **Freude.** Macht es Spaß, die Arbeit zu sehen, zu hören oder anzufassen?

Diese Kriterien gelten für Ideen aus allen Bereichen – Design, Architektur, Fotografie, Film, Audio, Bücher, Zeitschriften, Webseiten, Mobile und so weiter. In der ADC-Jury hält man sich präzise an diese Regeln. Zumindest habe ich das immer so empfunden, wenn ich in der Jury saß.

Vor allem der letzte Punkt, die Freude, ist ein zuverlässiger, schneller Indikator dafür, ob eine Idee gut ist. Exzellente Ideen verbreiten Freude, öde Ideen eher Langeweile. Was man sich gerne ansieht, was einen emotional berührt und packt – das ist gut.

Denn darum geht es: Ideen sollen eine emotionale Verbindung zum Publikum herstellen und etwas im Betrachter auslösen.

Hilfreich, um eine Idee zu beurteilen, finde ich auch die drei E der legendären Hamburger Agentur Springer & Jacoby (S&J):

Eine Idee muss demnach einfach, exakt und einfallsreich sein.

Ich finde, die Bezeichnung »einfallsreich« trifft es übrigens präziser als der schwammige Begriff »kreativ«.

Neben den fünf ADC-Jury-Regeln und den drei »E« möchte ich Ihnen noch einige Tests nahebringen, mit denen Sie schnell und einfach ein Gefühl dafür bekommen können, ob Ihre Idee wirklich gut ist.

Der »Würde ich das teilen?«-Test. Ideen, die man freiwillig in den sozialen Medien teilt, sind der Stoff, aus dem die Träume von Marketingleitern sind.
Bei Kommunikationsideen, die sich die Konsumenten freiwillig und gern ansehen, bekommen sie glänzende Augen. Denn auf diese Weise sparen sie sich zum einen Millionen Euros an Werbeausgaben. Und zum anderen ist die Wirkung deutlich höher.
Es macht nämlich einen großen Unterschied, ob eine Werbebotschaft im Fernsehen in der Werbepause läuft oder ob man von einem Freund auf Facebook ein »lustiges Video« geschickt bekommt. Die Werbepause nutzt man gern, um zum Kühlschrank oder zu einem stillen Örtchen zu gehen, das lustige Video des Freunds dagegen schaut man sich meistens an.

Wenn man seine Idee überprüfen möchte und einen sehr hohen Maßstab anlegt, kann man sich also fragen: Würde ich das teilen? Würde ich die Idee begeistert meinen Freunden schicken? Oder möchte ich meine Freunde lieber nicht damit belästigen?
Die Frage ist extrem hart, wenn man ehrlich ist. Kaum ein Beitrag schafft es, ein Viralhit zu werden. Die Frage ist aber trotzdem gut, weil sie die eigene Euphorie dämpft und die Verhältnisse wieder gerade-

rückt. Man bleibt auf dem Teppich und weiß meistens, dass noch viel Luft nach oben ist. Also: Wenn eine Idee so sehr begeistert, dass man sie umsonst und aus eigener Motivation heraus im Netz teilt, dann muss sie gut sein.

Übung: Wie weit kommen Ihre Social-Media-Posts? Heutzutage kann man an jedem einzelnen Tweet oder Facebook-Post ablesen, wie einfallsreich man ist. Je einfallsreicher und interessanter der Beitrag, desto mehr Likes, Retweets und Comments bekommt er. Das ist ein ideales Spielfeld, um seine Kreativität zu trainieren. Was wir liken und weiterleiten, macht nämlich auch eine Aussage über uns selbst. Wer möchte schon jemand sein, der langweilige, uninspirierte Inhalte teilt?

- Gerade auf dem Kurznachrichtendienst Twitter kann man wunderbar üben.
- Überlegen Sie sich einen Tweet, der möglichst oft retweetet werden soll.
- Machen Sie es sich zur Gewohnheit, jeden Tag einen Tweet abzusetzen.
- Folgen Sie Profilen, die viele Follower haben und viele Likes bekommen.

Lernen Sie von erfolgreichen Profilen, und seien Sie nicht enttäuscht, wenn es in den ersten Wochen noch nicht klappt. Meiner Erfahrung nach muss man erst einmal eine Durststrecke überwinden und Inhalte schaffen, bevor man ernst genommen wird. Das liegt daran, dass es viele Leute auf Twitter gibt, die für ein paar Wochen tweeten und ihren Account dann vergessen. Kontinuität zahlt sich aus. Für meinen Reiseblog WowPlaces.de versuche ich, möglichst jeden Tag einen Tweet abzusetzen. Angefangen habe ich bei 0, inzwischen hat der Account über 6000 Follower. Der Schlüssel zum Erfolg besteht zu 30 Prozent einfach darin, dranzubleiben und regelmäßig etwas zu teilen. Die anderen 70 Prozent hängen von den Inhalten ab.

Der »Das muss ich sofort erzählen«-Test. Wenn Sie eine Idee haben und den Wunsch verspüren, sofort jemandem davon erzählen zu müssen, dann ist das ein gutes Zeichen. Klar: Wenn man eine bahnbrechende Idee hat, freut man sich und möchte eine entsprechende Anerkennung dafür erfahren. Das ist nur menschlich. Der Chef soll uns loben, der Partner bewundern, die Freunde sollen sich mit uns freuen. Wir fühlen uns energetisiert und sind euphorisch. Auch das sind Anzeichen dafür, einen Treffer gelandet zu haben. John Hegarty von BBH fasst das so zusammen: »Great ideas have an energy of their own and it's almost like creating life. It becomes bigger, broader, wider and it reaches out and affects things it touches. That's when you know you've got a great idea.«

Wenn wir die Ideen dagegen nicht erzählen wollen, gehen wir wohl kaum davon aus, dafür gelobt und bewundert zu werden. Also scheint die Idee nicht allzu herausragend zu sein.

Der Unternehmer-Test. Als Kreativer hat man keine Probleme damit, mutige und radikale Lösungen vorzuschlagen. Schließlich ist man in aller Regel als Dienstleister unterwegs, der Ideen für andere entwickelt. Es geht also nicht um das eigene Unternehmen, und man geht kein unmittelbares Risiko ein, wenn sich die Idee als Flop erweisen sollte. In einem Bild ausgedrückt: Der Kreative schlägt vor, durch den brennenden Feuerreifen zu springen – aber tun muss es der Unternehmer. Fängt der Unternehmer dabei Feuer, ist das sein Problem. Der Kreative ist aus dem Schneider – zumindest auf den ersten Blick. Sicher, der Unternehmer kann immer die Agentur austauschen, wenn die Ideen nicht das gewünschte Ergebnis bringen. Aber als Angestellter der Agentur denkt man meistens nicht so weit.

Um das Kann-mir-ja-egal-sein-Gefühl auszuhebeln, habe ich den Unternehmer-Test entwickelt: Stellen Sie sich vor, das Unternehmen wäre Ihr eigenes. Wären Sie immer noch so mutig? Würden Sie wirklich diesen Weg gehen, wenn es um Ihr Unternehmen, um Ihr Kapital und um Ihre Mitarbeiter gehen würde? Wenn Sie Ihre Vorschläge aus dieser Perspektive betrachten, ändert sich plötzlich alles. Jetzt sind Sie persönlich betroffen.

Es geht nicht mehr um den Erfolg oder den Misserfolg eines anderen, es geht um Sie selbst. Es geht um die Entscheidung für eine Idee, die Sie unmittelbar betrifft. Jetzt sind Sie nicht mehr nur der Ideengeber, sondern auch der Entscheider und der Träger des unternehmerischen Risikos. Sie werden doppelt und dreifach überlegen und sich nur dann für eine Idee entscheiden, wenn Sie sich wirklich absolut sicher sind, dass sie funktioniert.

Aber Vorsicht: Tappen Sie nicht in die Falle, jetzt nur noch auf Nummer sicher zu gehen. Setzen Sie weiterhin auf interessante, radikale Lösungen. Aber fragen Sie sich ernsthaft, ob die Argumente überzeugend genug sind, um diesen Weg zu gehen, und ob Sie sich auch dafür entschieden hätten, wenn Sie an der Stelle des Entscheiders wären.

Der Putzfrauen-Test. Wenn man sich lange mit einer Aufgabe beschäftigt, verliert man den Abstand und setzt manchmal ein Wissen voraus, das die Zielgruppe gar nicht hat. Deshalb ist es sinnvoll, die Idee jemandem vorzulegen, der überhaupt nichts damit zu tun hat. Das muss nicht unbedingt die Zielgruppe sein, es reicht schon, jemanden zu fragen, der neutral ist. Zum Beispiel die Putzfrau im Büro. Sie können auch den Koch in der Kantine, einen Taxifahrer oder den Mann am Kiosk fragen. Hauptsache, er oder sie hat nichts mit der Aufgabe zu tun.

Sie wollen eine ehrliche Meinung? Dann fragen Sie jemanden von außen, der keine Rücksicht auf Ihre Gefühle nehmen muss. Lob bringt Sie nicht weiter, Kritik schon. Kollegen sind manchmal zu höflich, um Ihnen die bittere Wahrheit ins Gesicht zu sagen. Sie wissen, dass sie noch lange mit Ihnen zusammenarbeiten werden, und möchten es sich daher nicht mit Ihnen verscherzen.
Es gibt durchaus Kollegen, die einem ehrlich ihre Meinung sagen, aber sie sind die Ausnahme. Schließlich weiß jeder, dass Kritik zwar sinnvoll ist, sich aber alles andere als gut anfühlt. Wenn Sie also eine ehrliche Meinung haben wollen, dann fragen Sie jemanden, dem es egal sein kann, ob Sie gekränkt sind oder nicht.

Der Schwarmintelligenz-Test. Auf Portalen wie HolidayCheck oder Tripadvisor werden die Urlauber dazu eingeladen, nach dem Urlaub das jeweilige Hotel zu bewerten. Das hat eine ganze Reihe von Vorteilen: Es erhöht zum Beispiel die Transparenz auf dem Reisemarkt und stellt schwarze Schafe bloß. Die Hotels müssen sich mehr anstrengen, ihre Gäste zufriedenzustellen, denn jeder Fehler kann schon bald im Internet stehen – dokumentiert als Text, als Foto oder als Handyvideo. Ich selbst nutze diese Schwarmintelligenz, wenn ich in den Urlaub fahre. Den perfekt inszenierten Hotelfotos stelle ich gerne die Schnappschüsse von Urlaubern gegenüber, die vor Ort waren. Und wenn viele Leute negative Bewertungen abgeben, dann scheint wirklich etwas dran zu sein. Ich habe festgestellt, dass es so gut wie nie ein Hotel gibt, mit dem wirklich jeder voll und ganz zufrieden ist. Es finden sich immer Leute, die etwas auszusetzen haben. Aber von der Tendenz her bekommt man einen guten Eindruck, ob ein Hotel top oder flop ist. Für Amazon gilt das Gleiche: Ein Buch, das 56 Personen mit fünf von fünf Sternen bewerten, scheint tatsächlich interessant zu sein.

Diese Schwarmintelligenz kann man auch nutzen, um Ideen zu beurteilen. Erstellen Sie eine »Galerie«, indem Sie Ihre Ideen nebeneinander an eine Wand aufhängen. Achten Sie darauf, die jeweilige Idee so einfach, knapp und verständlich wie möglich darzustellen. Laden Sie nun mindestens zehn Jurymitglieder ein. Am besten solche, deren Meinung Sie schätzen. Je mehr, desto besser. Bitten Sie Ihre Jury, ein Kreuzchen an der Idee anzubringen, die ihr am besten gefällt. Jedes Jurymitglied darf ein Kreuz machen. Die Idee mit den meisten Kreuzchen ist laut Schwarmintelligenz die beste.

Machen Sie nun nicht den Fehler, diese Idee blind auszuwählen. Das darf kein Automatismus sein und kein Freifahrschein dafür, sein eigenes Gehirn auszuschalten. Nehmen Sie das Ergebnis zur Kenntnis, und bewerten Sie die Situation.

Hören Sie sich alles an, aber entscheiden Sie selbst. Es ist ratsam, sich mit anderen über die Idee auszutauschen. Aber entscheiden sollte man selbst.

Übrigens: Auch vermeintlich unfehlbare Experten und Ikonen können sich gewaltig irren. Das möchte ich an drei Beispielen zeigen:

- Microsoft-Gründer Bill Gates sagte im Jahr 1993 über das Internet: »Das Internet ist nur ein Hype.«
- Kel Olsen, Präsident von Digital Equipment Corporation, meinte im Jahr 1977: »Es gibt keinen Grund dafür, dass jemand einen Computer zu Hause haben wollte.«

– Und Darryl F. Zanuck, damaliger Chef von 20th Century Fox, erklärte 1946: »Der Fernseher wird sich auf dem Markt nicht durchsetzen. Die Menschen werden sehr bald müde sein, jeden Abend auf eine Sperrholzkiste zu starren.«[5]

Sie sehen also: Selbst ausgewiesene Experten und brillante Köpfe sind nicht unfehlbar. Ich weiß, dass es angenehm ist, die Last der Verantwortung auf andere abzuwälzen. Aber die Annahme, andere wüssten es besser als Sie, ist nicht richtig. Fazit: Sie müssen selbst entscheiden. Das sind Sie sich schuldig, schließlich haben Sie ein eigenes Gehirn.

5 30 Jahre Horizont Report, Horizont 34/2013, 22. August 2013, Seite 152

DIE RICHTIGE EINSTELLUNG FINDEN.

SO SIND SIE BEREIT FÜR GROSSE IDEEN.

MACHEN SIE IHRE HAUSAUFGABEN.

Bevor Sie kreativ werden, müssen Sie sich zunächst schlau machen. Die Recherche gehört zur Ideenfindung unbedingt dazu, und das Briefing sollten Sie verinnerlichen, damit Sie es immer abrufbar haben. Nur so können Sie Ideen entwickeln, die den Nagel auf den Kopf treffen.

Das Briefing. Lesen Sie sich das Briefing genau durch, und finden Sie so viel wie möglich über die Aufgabe heraus.

Fragen zur Aufgabe, die Sie sich stellen können:

- Wie ist die Marktsituation?
- Worin besteht das Problem?
- Ist das wirklich das Problem?
- Was soll erreicht, bewegt oder verändert werden?

- Wie ist die Historie des Unternehmens?
- Welche Konkurrenten gibt es, und was machen sie?
- Wer ist die Zielgruppe?
- Was soll die Zielgruppe denken, wenn sie die Idee sieht?
- Was ist die Botschaft an die Zielgruppe?
- Welche Tonalität soll die Idee haben?
- Gibt es Benchmark-Ideen auf dem Markt?
- Gibt es Benchmark-Ideen auf vergleichbaren Märkten?
- Gibt es internationale Benchmark-Ideen?
- Gibt es sonst noch etwas zu beachten?

Recherchieren Sie. Sprechen Sie mit dem Auftraggeber. Sprechen Sie mit Vertretern der Zielgruppe. Sprechen Sie mit Beteiligten und Unbeteiligten. Sie müssen sich in kurzer Zeit konzentriert in das Thema hineindenken und hineinarbeiten. Werden Sie zum Experten dafür.

Nachdem Sie dieses Wissen angesammelt haben: Lassen Sie es los. Stellen Sie sich dumm und naiv. Vergessen Sie auch alle Vorurteile und scheinbar unveränderlichen Gesetze, die Sie bei diesem Thema im Kopf haben. Dan Wieden fasst es so zusammen: »To be stupid is an extremely valuable tool, to be innocent and to be open for everything.«

Auf diese Weise sind Sie offen für jeden Gedanken. Wenn Sie zu sehr an Ihrem Wissen festhalten, werden Sie sich manche Ideen sofort abschießen. Gehen Sie so unbelastet und naiv wie möglich an die Aufgabe heran.

DIE BRÜCKE ZWISCHEN LOGIC UND MAGIC.

Die Gesellschaft für Konsumforschung (GfK) hat zusammen mit Politikprofessor Simon Anholt über 20 000 Interviews in 20 Ländern durchgeführt, um ein Stimmungsbild darüber zeichnen zu können, welche Länder international am beliebtesten sind. Seit Jahren liefern sich die USA und Deutschland ein Kopf-an-Kopf-Rennen. 2014 war Deutschland die Nummer 1 der beliebtesten Nationen und die USA Nummer 2, 2015 war es umgekehrt.[6]
2014 verhalf Deutschland vor allem unsere Führungsrolle in Europa, die »international kontinuierlich wahrgenommene politische Verantwortung«[7], das positiv bewertete Investitionsklima und die soziale Gerechtigkeit zu hohen Punktzahlen. Die Deutschen gelten als langweilig, aber zuverlässig, pünktlich und korrekt.

Humor dagegen ist etwas, was man nicht mit uns Deutschen verbindet. Wir bauen gute Autos, aber gute Witze können wir nicht erzählen, so die einhellige Meinung. Humor spielt oft mit dem Irrationalen, wir lieben aber das Gegenteil: das Sachliche und Richtige.

Wenn es um kreative Prozesse geht, ist das genau die falsche Richtung. Ideen leben von einer blühenden, grenzenlosen Fantasie. Wer immer nur richtig denkt, liegt falsch.

---

6 http://www.gfk.com/hu/insights/press-release/us-retakes-position-as-top-nation-brand-from-germany/

7 imi: »Deutschland hat in der Welt derzeit das beste Image«. In: Die Welt. 12.11.2014. Quelle: http://www.welt.de/wirtschaft/article134264059/Deutschland-hat-in-der-Welt-derzeit-das-beste-Image.html

Haben wir in Deutschland ein Klima, das mutige Ideen belohnt? Oder gehen Entscheider lieber nach dem Motto »Keine Experimente« vor, das schon Adenauer und die CDU im Wahlkampf nutzten?

Wenn Frösche sprechen: Hans Christian Andersen. In der Fantasie ist bekanntlich alles möglich – selbst das Unmögliche. Das führt zu interessanten Geschichten. Interessant deshalb, weil sie nicht den normalen Alltag abbilden, sondern etwas Außergewöhnliches. Das Normale kennen wir selbst. Es ist das Besondere, das unsere Aufmerksamkeit packt.
Schon Hans Christian Andersen hat dem tapferen Zinnsoldaten in einem Märchen Leben eingehaucht. Oder den Froschkönig zur Prinzessin sagen lassen, dass er in Wirklichkeit ein verzauberter Prinz ist, den die Prinzessin küssen muss, damit er sich in einen Prinzen verwandeln kann. Als ich in Kopenhagen das Hans-Christian-Andersen-Märchenhaus besuchte, erfuhr ich, dass seine Gedankenspiele so erfolgreich sind, dass sie in 123 Sprachen übersetzt worden sind. Nur die Bibel hat noch mehr Übersetzungen. Kein Wunder also, dass er von den Lesern der Zeitung »Berlingske Tidende« 2004 zum »großartigsten Dänen aller Zeiten« gewählt worden ist. Übrigens deutlich vor Nobelpreisträger Niels Bohr (34,6 Prozent vor 25,1 Prozent). Sie sehen also: Wer völlig irrational ist und sogar Frösche sprechen lässt, kann am Ende erfolgreicher sein als jemand, der wissenschaftlich vorgeht und der Menschheit die Struktur der Atome und ihre Strahlung erklärt.

Die Einstellung »Alles ist möglich«. Exzellente Ideen können Sie überall finden. Es wäre daher unklug, sich selbst einzuschränken, indem Sie zum Beispiel sagen: Oh, hier wird es aber irrational, hinter dieser Türe schaue ich nicht nach, das geht gegen meine Überzeugungen.

Sie maximieren Ihre Möglichkeiten, wenn Sie für sich selbst beschließen, jeden Gedanken zuzulassen – und sei er auch noch so abenteuerlich, eigentlich völlig falsch und abwegig.
Gerade diese Gedanken führen oft zu überraschenden Lösungen. Wer sich selbst nicht erlaubt, seine Gedanken neue Wege gehen zu lassen, wird wohl kaum zu wirklich innovativen Lösungen gelangen.

Was wir brauchen, ist eine Brücke zwischen Logic und Magic. Ohne Logik wird die Idee nicht präzise die Aufgabe lösen, ohne Magic wird sie nicht überraschend und interessant sein.
Mit anderen Worten: Werden Sie zum Spinner. Gestatten Sie sich verrückte, außergewöhnliche Gedanken. »Du spinnst wohl« ist im Deutschen negativ belegt. Für einen Kreativen aber ist es etwas Positives. Er bewegt sich im Spannungsfeld zwischen Ordnung und Chaos. Wir werden bei den Kreativtechniken immer wieder sehen, dass es das Zusammenspiel zwischen Logic und Magic, zwischen Ordnung und Chaos ist, das überraschende Ideen ermöglicht.

Die irrationalen Dichter und Denker. Ich habe am Anfang des Kapitels darauf hingewiesen, dass wir Deutschen nicht unbedingt als humorvoll und irrational gelten, sondern als sachlich und rational.
Diese Meinung gilt international und wurde so oft wiederholt, dass wir inzwischen selbst daran glauben.

Dagegen spricht, dass wir auch das Volk der Dichter und Denker sind. In deutschen Büchern wimmelt es nur so von irrationalen Elementen. Bei Goethe begegnet uns ein Zauberlehrling und der Geist, der stets verneint, Mephistopheles. Günter Grass' Held Oskar Matzerath beschließt als Dreijähriger, nicht mehr zu wachsen. Und die Gebrüder Grimm berichten von einem magischen Tischlein, das sich immer wieder aufs Neue deckt, einem Haus aus Brot, Kuchen und Zucker und einem Prinzen, der am Haar einer Prinzessin einen Turm hinaufklettert. Ich würde sagen: Was das Irrationale angeht, sind wir Deutschen auf lange Sicht doch recht gut dabei.

Von Comics lernen und Kind bleiben. Der US-amerikanische Wissenschaftler George Land hat 1968 untersucht, wie sich die Kreativität im Laufe der Zeit verändert.[8] Dazu nutzte er einen Test, den er bereits erfolgreich für die NASA eingesetzt hat, um die Kreativität von Astronautenanwärtern zu messen.
George Land bezog 1600 Kinder ab dem Alter von 5 Jahren in seine Untersuchung ein und wiederholte mit ihnen den Test nach jeweils 5 Jahren. So verteilte sich der Anteil an »hochgradig Kreativen« in den jeweiligen Altersstufen:

- 5-Jährige: 98 Prozent
- 10-Jährige: 30 Prozent
- 15-Jährige: 12 Prozent

Der Wissenschaftler gab den Test auch 280000 Erwachsenen. Das Ergebnis: Von den Erwachsenen waren nur 2 Prozent hochgradig kreativ.

Die Kreativität nimmt also im Laufe der Jahre dramatisch ab. Ob nun unser Bildungssystem oder die Erziehung dafür verantwortlich ist, sei dahingestellt. Ich glaube jedoch nicht, dass es der normale Gang der Dinge ist, dass sich die Kreativität über die Jahre so erschreckend deutlich verliert.

8 http://www.creativityatwork.com/2012/03/23/can-creativity-be-taught/

Anders gefragt: Was haben Kinder, was Erwachsene nicht in diesem Maß haben? Ich denke, es ist vor allem die Fantasie, die den Unterschied macht. Kinder trennen beim Spielen nicht zwischen Realität und Fantasie. Im Spiel verschmilzt beides miteinander.

Beobachten Sie Kinder beim Spielen. Ein unförmiger Haufen Sand wird zu einer Burg erklärt, ein Batzen Sand zu einem leckeren Kuchen, der köstlich duftet. Kinder denken sich Abenteuer aus, lassen ein Piratenschiff einen Schatz heben und so weiter.

Fehlt ihnen ein Spielzeug, etwa ein Rammbock, mit dem das Tor einer Burg aufgestoßen werden soll, so wird ein anderer Gegenstand im Handumdrehen dazu erklärt. Das geht ganz einfach: »Das ist jetzt unser Rammbock«, sagt das Kind und hält einen grünen Bauklotz hoch. Der Bauklotz ist jetzt in der Fantasie der Mitspieler ein Rammbock. Das stimmt auf rationaler Ebene zwar nicht, aber den Kindern ist das egal. Es ist ja nur ein Spiel.

Diese Fähigkeit, seine Fantasie im Spiel einzusetzen, leben wir als Kind aus, aber je älter wir werden, desto weniger spielen wir, desto weniger erlauben wir uns irrationale Gedanken. Man müsse schließlich erwachsen werden, heißt es dann von den Eltern.

Genau das ist der Punkt: Die Annahme, dass Erwachsene immer rational sein müssten, verdirbt uns das kreative Potenzial, das wir als Kinder hatten.

Was tun? Wer Kinder hat, kann sich wieder mehr ins Spiel einbringen und daraus lernen. Eine andere Möglichkeit ist zum Beispiel, sich ab und zu eine Comicserie im Fernsehen anzuschauen. Das ist einfach und unterhaltsam.

Das Schöne an Comics ist, dass hier ebenfalls die Fantasie regiert. Es werden Dinge gezeigt, die irrational sind. Denken Sie nur an »Tom &

Jerry«. Katze Tom jagt hinter der Maus Jerry her. Jerry läuft sich einen Vorsprung heraus und lauert Tom hinter einer Ecke auf. Als Tom um die Ecke biegt, nimmt die Maus einen riesigen Holzhammer und schlägt Tom damit so kräftig auf den Kopf, dass er in der Erde versinkt. Tom schüttelt benebelt den Kopf, wir sehen kleine Sternchen und Vögelchen um seine Stirn herumtanzen, dann ist er wieder munter, zieht sich aus der Erde heraus und rennt Jerry weiter hinterher, als sei nichts geschehen.
Das ist eine typische Comicszene. Beinahe alles daran ist irrational. Das beginnt schon damit, dass eine Maus und eine Katze so intelligent dargestellt werden wie Menschen. Die kleine Maus könnte nie im Leben einen so schweren, großen Holzhammer halten, sie hat ja auch gar keine Hände.

Sie verstehen, worauf ich hinauswill: Comics machen, was sie wollen. Deshalb sind sie so interessant und unterhaltsam. Hier ist alles möglich. Bei der »Sendung mit der Maus« ist die Maus größer als der Elefant. Bei der Serie »Southpark« stirbt die Figur Kenny in jeder einzelnen Folge. Kein Problem, in der nächsten Folge spielt er wieder mit, als sei nichts geschehen. Homer Simpson, der in einem Atomkraftwerk arbeitet, ist bestimmt schon einige Male mit radioaktivem Material in Berührung gekommen. Es macht ihm nicht das Geringste aus.

Die Comic-Übung. Schalten Sie eine Comic-Sendung Ihrer Wahl ein (»Southpark«, »Futurama«, »Tom & Jerry«, »Ducktales« und so weiter). Achten Sie darauf, dass Sie nicht den Fernseher ein- und den Kopf ausschalten. Schauen Sie bewusst zu. Das ist schwieriger, als man denkt. Machen Sie einen Strich auf einen Zettel, sobald in der Sendung etwas Irrationales passiert, wenn Jerry zum Beispiel einen riesigen Holzhammer schwingt. Der Punkt ist: Achten Sie bewusst auf diese Dinge.

Fazit. Die Studie zeigt, dass Kinder deutlich kreativer sind als Erwachsene. Im Spiel unterscheiden sie nicht zwischen Realität und Fantasie. Diesen spielerischen Einsatz der Fantasie hilft erwachsenen Kreativen, die Brücke zwischen Logic und Magic zu schlagen. Wir müssen logisch sein, um die Aufgabe präzise lösen zu können. Aber wir brauchen gleichzeitig einen irrationalen Funken, um zu überraschenden, interessanten Lösungen zu gelangen.

Nehmen Sie sich die Freiheit, mutig, neugierig und offen für alles zu sein, was Ihnen durch den Kopf geht. Schätzen und kultivieren Sie Ihre Fantasie. Begrenzen Sie sich nicht im Kopf. Lassen Sie jeden Gedanken zu, auch völlig verrückte.

10X THINKING UND MOONSHOTS.

Einer der großen Innovationstreiber unserer Zeit ist Alphabet, die börsennotierte US-Holding, die aus Google Inc. entstanden ist. Entscheidende Bedeutung kommt dabei der Forschungsabteilung von Alphabet zu, kurz »X« genannt (bis Anfang 2016: »Google X«). »X« steht für das Unbekannte, nach dem in diesem Institut geforscht wird.

Google-Gründer Larry Page hat die »10X Thinking«-Philosophie ausgegeben. Demnach wäre es technisch meistens möglich, die Dinge um 10 Prozent zu verbessern. Bewusst wird einem das zum Beispiel wenn Ingenieure der Motortechnik einmal im Jahr verkünden, nun aus noch weniger Treibstoff noch mehr Leistung herausgeholt zu haben. Das ist aber nicht das Ziel von »X«. Sebastian Thrun, deutscher Robotikexperte und Mitgründer von »X«, fasst es so zusammen: »Wenn du das Leben von 100 Millionen Menschen veränderst, dann bist du nicht erfolgreich. Das bist du erst, wenn du das Leben von einer Milliarde Menschen veränderst.«

Das Ziel ist nicht, alles um 10 Prozent zu verbessern, sondern, alles zehnmal besser zu machen. Während die Ingenieure also daran feilen, die Technik so weit zu verfeinern, dass sie 10 Prozent effizienter läuft, schieben die X-Erfinder die bestehenden Lösungen gedanklich beiseite und versuchen, ganz neue Wege zu gehen. Um einen »Moonshot« zu realisieren, sei es nicht möglich, so die einhellige Meinung bei »X«, ein bisschen am Bestehenden herumzutüfteln. So ein großes Ziel lässt sich nur erreichen, wenn man radikal neu denkt, so »X«.
Alphabet nennt Projekte dieser Art nämlich »Moonshots«. Der Begriff spielt auf die Ankündigung von John F. Kennedy in den 60er-Jahren an, die Amerikaner würden noch in diesem Jahrzehnt einen Menschen auf den Mond schießen. Kennedy wusste, dass die USA noch nicht in der Lage dazu waren. Aber er hatte eine Vision. Und er glaubte fest daran, dass seine Nation in der Lage wäre, diese Vision zu verwirklichen. Nach diesem Prinzip sind auch die Moonshots von Alphabet konzipiert.

Beispiele: Moonshots von Alphabet. Das wohl bekannteste Projekt von »X« ist Google Glass. Eine Brille, die kontextrelevante Informationen ins Sichtfeld des Trägers projiziert. Ebenfalls im Gespräch ist Googles selbstfahrendes Auto, das seine Passagiere ohne Lenkrad und Pedale ans Ziel bringt. Beim Projekt Spoon gleicht ein spezieller Löffel automatisch die Zitterbewegungen von Parkinsonkranken aus und sorgt dafür, dass die Betroffenen trotz ihres Zitterns essen können (ursprünglich entwickelt von Lift Labs). Wegweisend und groß gedacht ist das Projekt Loon. Es ist der Versuch, das Internet auch in Gegenden verfügbar zu machen, in denen die Infrastruktur noch nicht so weit entwickelt ist. Ballons sollen in 32 km Höhe schweben und ein stabiles Netzwerk zur Verfügung stellen. Geladen werden die Akkus der Geräte über Solarzellen. Die Ballons sind bereits weltweit im Testeinsatz. So weit ein kurzer Blick in die Werkstatt von »X«.

Zur Inspiration möchte ich Ihnen noch die Rede John F. Kennedys 1962 an der Rice University in Houston ans Herz legen: »(...) Doch einige sagen: ›Warum der Mond? Warum wählen wir ihn als unser Ziel?‹ Und sie könnten genauso gut fragen, warum den höchsten Berg besteigen? Warum wurde vor 35 Jahren der Atlantik überflogen? Warum spielt Rice gegen Texas? Wir haben uns entschlossen, zum Mond zu fliegen. Wir haben uns entschlossen, in diesem Jahrzehnt zum Mond zu fliegen und noch andere Dinge zu unternehmen, nicht weil es leicht ist, sondern weil es schwer ist, weil das Ziel dazu dient, das Beste aus unseren Energien und Fähigkeiten zu organisieren und zu messen, weil die Herausforderung eine ist, der wir uns stellen wollen, die wir nicht verschieben wollen und die wir zu gewinnen beabsichtigen, genau wie die anderen auch. Aus diesen Gründen betrachte ich die im letzten Jahr getroffene Entscheidung, dass wir bei unseren Bemühungen im Weltraum aufstocken, als eine der wichtigsten Entscheidungen, die wir während meiner Amtszeit als Präsident treffen werden. (...)
Vor vielen Jahren wurde der große britische Entdecker George Mallory, der später auf dem Mount Everest den Tod finden sollte, gefragt, warum er ihn besteigen wolle. Daraufhin sagte er: ›Weil er da ist.‹ Nun, auch der Weltraum ist da, und wir haben vor, ihn zu besteigen, und auch der Mond und die Planeten sind da, und neue Hoffnungen auf Wissen und Frieden sind da. Und daher erbitten wir Gottes Segen, während wir die Segel setzen und aufbrechen in das riskanteste und gefährlichste und größte Abenteuer, zu dem sich jemals ein Mensch aufgemacht hat.«[9]

---

9 John F. Kennedy Presidential Library and Museum, http://www.jfklibrary.org/JFK/Historic-Speeches/Multilingual-Rice-University-Speech/Multilingual-Rice-University-Speech-in-German.aspx

»IDEEN ENTSTEHEN
IM KOPF.
DESHALB HÄNGT DIE
QUALITÄT IHRER IDEEN
AUCH DAVON AB,
WIE SIE ÜBER SICH
SELBST DENKEN.«

WARUM DIE RICHTIGE EINSTELLUNG SO ENTSCHEIDEND IST.

Bei den Ausführungen über die Moonshots von Google kann man als Leser schon mal schlucken und sich die bange Frage stellen, ob man selbst wohl zu so einer Leistung imstande wäre. Den Status quo um das Zehnfache voranzubringen ist schließlich alles andere als eine Kleinigkeit. Ich weiß: Das ist, als ob man von einem jungen Krieger verlangt, sich einem Drachen zu stellen, der Feuer spuckt, tödlich-scharfe Zähne hat und mit dem Schweif um sich schlägt.

Hier ein Geheimnis aus der Praxis: In den Sagen und Märchen ist der Drache groß wie ein Haus und kaum zu bezwingen. Wenn man sich aber todesmutig überwindet, sich ihm zu stellen, entpuppt sich dieses Ungeheuer als nur halb so groß und nur halb so gefährlich. Die Herausforderung bleibt, aber man muss kein Siegfried sein, um sie bewältigen zu können.

In diesem Abschnitt wollen wir uns damit beschäftigen, wie sich Ihre innere Einstellung, also ihre Gedanken, auf ihre Ideen auswirken. Ich werde Ihnen einige Beispiele vorstellen, die Sie überraschen werden. Über all dem möchte ich den Rat stellen: Glauben Sie an sich selbst. Sie sind zu mehr fähig, als Sie ahnen. Zu viel mehr.

Beispiel: die Fitness von Zimmermädchen. Ellen Langer ist Harvard-Professorin, die sich seit Jahrzehnten wissenschaftlich mit einer zentralen Frage beschäftigt: Wie viel Macht haben Gedanken über uns? 2007 führte sie ein interessantes Experiment durch. Einer Gruppe von Zimmermädchen wurde eine neue Perspektive auf ihre Arbeit gegeben,

indem man ihnen sagte, dass ihre Tätigkeit eine Art Fitnessprogramm sei. Das Putzen und Ausschütteln der Betten sei eine Art Training. Nach vier Wochen hatten die Zimmermädchen im Schnitt ein Kilo abgenommen – allein durch ihre veränderte Einstellung zur Arbeit.
Die Zimmermädchen einer Kontrollgruppe dagegen, die nichts von dieser sportlichen Umdeutung ihrer Tätigkeit erfahren hatten, wurden nach den vier Wochen ebenfalls gewogen: Ihr Gewicht hatte sich nicht geändert.[10]

Beispiel: der Jungbrunnen. Anfang der 80er-Jahre lud Ellen Langer einige Herren, die etwa 80 Jahre alt waren, in ein ehemaliges Kloster in New Hampshire ein. Das Besondere an diesem Ort war, dass alles so eingerichtet war, als befände man sich nicht in den 80ern, sondern in den 60ern. Bücher, Magazine, ja sogar das Fernsehen brachte Inhalte aus den 60ern. Die Teilnehmer waren dazu angehalten, sich ebenfalls über Themen aus den 60ern zu unterhalten – und zwar so, als würden sie gerade stattfinden. So diskutierten die Männer zum Beispiel über die Revolution in Kuba. Und noch etwas war anders: Den Rentnern wurde nicht mehr – wie gewohnt – zu festen Zeiten das Essen vorgesetzt, nein, sie hatten das Essen nun selbst zuzubereiten. Nach dem Essen mussten sie sich auch um den Abwasch kümmern.
Die Zeitkapsel erwies sich als wahrer Jungbrunnen: Nach sieben Tagen waren die Männer beweglicher geworden und schnitten bei Hör-, Seh- und Intelligenztests deutlich besser ab als die Kontrollgruppe. Ganz so, als sei das Altern eine Frage der eigenen Einstellung und der Selbstwahrnehmung.

---

10 Quelle der Beispiele bis auf das letzte: Piepgras, Ilka: »Die Kraft der Gedanken«. In: Zeitmagazin Nr. 22/2016, Seite 16 ff.

Beispiel: die manipulierten Uhren. Auch dieses Experiment stammt von der Harvard-Professorin Ellen Langer. Sie manipulierte das Zeitgefühl von Diabetes-2-Patienten, indem sie Uhren so präparierte, dass sie langsamer liefen. Die Biochemie des Körpers folgte nicht etwa der tatsächlichen, sondern der eingebildeten Zeit: So fiel der Blutzuckerspiegel der Patienten, wenn die Uhr den gewohnten Zeitpunkt anzeigte, obwohl dieser Punkt nicht wirklich erreicht war.

Beispiel: der eingebildete Komapatient. In diesem Zusammenhang fällt mir eine weitere Geschichte ein. Leider kann ich mich nicht mehr daran erinnern, wer sie mir erzählt hat, aber ich finde sie interessant und möchte sie gern mit Ihnen teilen.

Ein Medizinstudent nahm an einer Studie teil, bei der er regelmäßig Tabletten erhielt, die getestet werden sollten. Der Mann wollte Selbstmord begehen und sparte die Tabletten so lange auf, bis er eine Überdosis Tabletten beisammenhatte. Er schluckte alle Tabletten auf einmal, fiel ins Koma und wurde in ein Krankenhaus eingeliefert. Als der Leiter der Studie von diesem tragischen Vorfall erfuhr, war er erstaunt, denn der Medizinstudent gehörte zu der Gruppe, die – ohne es zu wissen – nur Traubenzuckertabletten bekommen hatten. Die Ärzte sprachen den Komapatienten an und erklärten dem Bewusstlosen, er könne gar nicht im Koma liegen, denn er habe ja nur Traubenzucker geschluckt. Als die Mediziner ihm das gesagt hatten, wachte der Mann aus dem Koma auf.

Wie unser Handeln unseren Glaubenssätzen folgt. Es scheint so, dass unsere Glaubenssätze wie Programme sind, die unsere Handlungen auf bestimmte Bahnen leiten.

Experimente haben ergeben, dass Mädchen bei Mathematiktests deutlich schlechter abschneiden, wenn sie am Anfang ihr Geschlecht auf den Testbogen schreiben müssen. Wenn sie dagegen ihr Geschlecht nicht angeben müssen, schneiden sie besser ab. Hinter diesem Phänomen kann man vermuten, dass die Mädchen an das Vorurteil zu glauben scheinen, wonach Mädchen für Mathematik eher unbegabt sind. Das Vorurteil, wonach asiatische Schüler wahre Lernmaschinen seien und Tag und Nacht pauken, was das Zeug hält, schien in einem anderen Experiment ausschlaggebend gewesen zu sein. US-amerikanische Schüler lieferten in einem Test deutlich schlechtere Ergebnisse, als ihnen gesagt wurde, dass ihre Arbeiten mit denen von asiatischen Schülern verglichen würden.

Was bedeutet das für Sie? Ich denke, die Experimente machen deutlich, wie entscheidend unsere innere Einstellung unsere Handlungen bestimmen.
Wenn Sie also mit der Einstellung an Ihre Aufgaben herangehen, dass Moonshots und brillanten Ideen anderen, fähigeren Menschen als Ihnen vorbehalten sind, dann werden Sie sich selbst bestätigen.
Wenn Sie fest davon überzeugt sind, dass Sie nur Mittelmaß zustande bringen können, dann wird es auch so sein. Ihre Einstellung wird Ihnen recht geben. Sie werden sich selbst bestätigen.

Es ist nicht so, dass Sie es nicht besser könnten, Sie könnten es sehr wohl. Aber Sie erlauben es sich selbst nicht, weil Ihre Gedanken Ihre Handlungen limitieren und von den exzellenten Ideen abschneiden. Das bedeutet: Nehmen Sie sich die Freiheit, an sich selbst zu glauben. Werden Sie Ihr größter Fan. Nehmen Sie sich vor, etwas wirklich Großartiges zu leisten. Greifen Sie nach den Sternen.

Dieser Punkt ist so bedeutsam, dass Sie dieses Buch sofort verbrennen können, wenn Sie nicht dazu bereit sind, sich selbst zu vertrauen. Was nützen Ihnen die besten Kreativtechniken, wenn Ihre Glaubenssätze Ihnen nicht erlauben, auf brillante Ideen zu kommen?

Legen Sie das Buch für einen Moment beiseite, lächeln Sie in sich hinein, und sagen Sie zu sich selbst: Ja, du packst das. Es wird zwar nicht einfach, aber du schaffst das! Machen Sie es sich zur Gewohnheit, sich selbst gut zuzureden und sich selbst Mut zuzusprechen.

In den Experimenten haben wir gesehen, dass die innere Einstellung alles andere beeinflusst. Ideen entstehen im Kopf. Wenn wir Ideen als Blumen betrachten, dann muss Ihr Kopf ein wunderschöner, sonniger Garten sein, in dem es beste Bedingungen für Blumen gibt.

FÖRDERT IHRE UNTERNEHMENSKULTUR IDEEN?

Eine zentrale Voraussetzung dafür, dass in einem Unternehmen bahnbrechende Ideen entstehen können, ist eine passende Unternehmenskultur. Das hat auch Dan Wieden erkannt: »Creative people need this sort of duality of feeling very secure in some deep sense, enough that they can be very risky and put themselves into work. What I've tried to do is focus on the environment in which people work here, and let them relax and be themselves and be adventuresome.«

Google hat über einen Zeitraum von drei Jahren anhand von mehreren Hundert Teams wissenschaftlich untersucht, was ein wirklich erfolgreiches Team ausmacht. Das Ergebnis fasst Frederik Pferdt, der Innovationschef von Google, so zusammen: »Vor allem psychologische

Sicherheit unterscheidet kreative Teams von weniger erfindungsreichen. Das heißt, dass Menschen sich sicher fühlen müssen, Fehler zu machen.«[11]
Als weitere Erfolgsfaktoren nennt Pferdt außerdem: so viel Unabhängigkeit wie möglich, eine optimistische Umgebung, »eine positive Atmosphäre, in der man sich traut, kreativ zu sein«, und der Anspruch, Lösungen zu finden, »die nicht nur ein bisschen besser sind, sondern zehnmal besser«.

Die Schilderungen von Frederik Pferdt decken sich mit meinen Erfahrungen bei Jung von Matt. Man muss sich frei fühlen, auch Ideen hochhalten zu können, die auf den ersten Blick völlig verrückt erscheinen. Selbst schlechte Lösungen dürfen nicht dazu führen, dass der Chef ausflippt und einen beleidigt. Es ist wichtig, dass man ein entspanntes, gutes Verhältnis zu den Entscheidern im Unternehmen hat. Wer Angst vor seinem Chef hat und fürchtet, von ihm auseinandergenommen zu werden, arbeitet verkrampft und ohne Freude. Besser ist es, man arbeitet gerne, entspannt und inspiriert. Übrigens ist es für viele Kreative auch hilfreich, wenn sie keinen Anzug beziehungsweise kein Business-Kostüm tragen müssen. Sie fühlen sich in legerer Kleidung einfach entspannter.

Erfolgsfaktor »Chef«. Entscheider sollten sich angewöhnen, mit einer positiven und optimistischen Grundhaltung an die Bewertung von Ideen heranzugehen.

---

11 Schulz, Thomas: »Zwischen Sicherheit und Freiheit: Frederik Pferdt, Googles Innovationschef, erklärt, wie Unternehmen eine Ideenkultur fördern können«. In: Spiegel Wissen, Ausgabe 2/2016, Seite 70 ff.

Statt sich zu fragen, warum etwas nicht geht, sollte man sich lieber fragen: »Warum eigentlich nicht?«

Das sagt sich so leicht, ist aber in der Praxis schwierig, weil man als Chef die Verantwortung trägt. Am Ende schneidet man sich jedoch ins eigene Fleisch, wenn man den Mitarbeitern nicht vermitteln kann, dass man auf ihrer Seite steht und gute Ideen nach Möglichkeit weiterverfolgen möchte. Wenn die Teams den Eindruck haben, dass der Chef ihre Ideen am liebsten abschießt, werden sie ihm keine mehr vorstellen und vielleicht sogar versuchen, ihn zu umgehen. Der Output der Abteilung wird auf diese Weise geschwächt.

Trotzdem sollte der Chef keinen reinen Kuschelkurs fahren, sondern auch gute Ideen bei den Teams einfordern. Ganz ohne Druck und Kontrolle geht es nicht, wenn man wirklich zu exzellenten Ergebnissen kommen will.

Ich halte es für notwendig, dass sich das Unternehmen klar dazu bekennt, wirklich hervorragende Ideen zu suchen und sich nicht mit dem Mittelmaß zufriedenzugeben. Die Mitarbeiter brauchen eine eindeutige Ansage und Ausrichtung. Der Chef muss ihnen etwas abverlangen. Das Ziel muss klar sein, aber den Weg dorthin sollte jeder für sich selbst finden dürfen.
Je weniger die Teams gegängelt werden, desto engagierter werden sie sein. Wenn sie das Gefühl haben, selbst verantwortlich zu sein, wird das Ergebnis besser ausfallen. Als Chef kann man den Teams aber meistens nicht völlig freie Hand lassen. Hier braucht man Fingerspitzengefühl, wenn es um das Maß von Druck und Kontrolle geht. Clevere Chefs halten die Fäden in der Hand, vermitteln ihren Teams aber das Gefühl, alle Freiheiten zu haben.

Jeden einzelnen Erfolg wertschätzen. Ein interessanter Punkt ist der Umgang mit Erfolg. Ein Chef, der Erfolge nicht angemessen wertschätzt und feiert, gefährdet ihn.

Erfolg ist nicht selbstverständlich. Selbst Unternehmen, die sich im Laufe ihres Bestehens eine Strahlkraft erarbeitet haben und scheinbar von Erfolg zu Erfolg eilen, dürfen den Gewinn von Aufträgen, Wettbewerben oder Branchenpreisen nie als selbstverständlich betrachten. Schließlich fängt man jedes Jahr erneut bei null an und muss sich die Erfolge hart erarbeiten.

Also: Feiern Sie jeden Erfolg! Verlernen Sie nie, sich zu freuen wie ein kleines Kind, wenn es wieder einmal geklappt hat. Unterschätzen Sie nie, wie wertvoll Lob und Anerkennung für Menschen sind.

Ob Sie es glauben oder nicht: Lob ist manchen Mitarbeitern wichtiger als eine Gehaltserhöhung. Wenn Sie einen Mitarbeiter im Beisein von Kollegen öffentlich loben, ist das Lob sogar noch wertvoller. Seien Sie fair und übertreiben Sie das Lob nicht. Es muss angemessen und nachvollziehbar sein, dass Sie jemanden positiv herausstellen. Wenn Sie ständig jemanden loben, dann ist es nichts Besonderes mehr und verliert an Wirkung. Setzen Sie das Instrument aber sinnvoll ein, dann ist es ein starkes Mittel, um Mitarbeiter zu motivieren.

Übrigens: Man muss kein Chef sein, um andere zu loben. Auch ein Kollege freut sich, wenn Sie seine Leistung anerkennen oder ihm zu einem Erfolg gratulieren.

Zu einer offenen Kultur gehört es auch, dass der Chef nicht nur lobt, sondern auch Probleme offen anspricht. Vielen Chefs ist das unangenehm. Aber es ist notwendig, denn eine Firma, in der es nur Lob gibt, fühlt sich an wie ein Streichelzoo und nicht wie ein ehrgeiziges Unternehmen. Lob hat nur dann eine Wirkung, wenn es auch Kritik geben kann.

Checkliste: Die optimale Unternehmenskultur für Ideen.

- Das Unternehmen hat einen eindeutig formulierten hohen Anspruch: Gesucht und gefordert werden exzellente Ideen.
- Das Unternehmen ist offen für Ideen aller Art, es gibt keine Einschränkungen.
- Die Entscheider haben eine positive, optimistische Grundeinstellung gegenüber Ideen.
- Die Kultur ist geprägt von Freiheit, Offenheit und Respekt, nicht von Angst und Kontrolle.
- Je mehr Eigenverantwortung die Teams haben, desto besser sind die Ergebnisse.
- Fehler und schlechte Lösungen werden nicht bestraft, sondern sind normaler Teil des Prozesses.
- Die Teams brauchen ausreichend Zeit für ihre Ideensuche. Je weniger administrative Aufgaben sie haben, desto besser.
- Das Umfeld sollte so sein, dass man in Ruhe konzentriert arbeiten kann (Einzelbüros oder Rückzugsmöglichkeiten).
- Es gibt keine starren Kleidungsvorschriften.
- Pausen sollten die Teams selbst gestalten können, keine klassische Ansage, wonach die Mittagspause zwischen 12 und 13 Uhr genommen werden muss.
- Erfolge werden gefeiert und entsprechend gewürdigt.
- Gute Leistungen werden öffentlich herausgestellt und gelobt.
- Wenn etwas schlecht läuft, wird das ebenfalls offen angesprochen. Aber nicht vor versammelter Mannschaft, sondern unter vier Augen, um niemanden bloßzustellen.

MIT FEUEREIFER ANS WERK GEHEN: ÜBER DIE KUNST, SICH SELBST ZU MOTIVIEREN.

Im Harvard Business Review vom Oktober 1998 gibt es eine Grafik nach T. M. Amabile. Drei Kreise ergeben die Schnittmenge »Creativity«. Kreis eins heißt »Expertise«, Kreis zwei wird »Creative thinking« genannt, und Kreis drei ist mit »Motivation« beschriftet.[12]

Meiner Meinung nach ist die Motivation der Schlüssel zum Erfolg. Mit ihr steht oder fällt jedes Projekt. Wer einen eisernen Willen hat und den Erfolg unbedingt will, der hat weitaus größere Chancen, es zu schaffen als jemand, der Dienst nach Vorschrift macht. Ein sehr schönes Zitat dazu stammt von Tim Notke: »Hard work beats talent when talent doesn't work hard.«

Ich glaube nicht, dass man unbedingt Talent haben muss, um auf besonders einfallsreiche Ideen zu kommen. Gut, wenn man es hat. Aber wichtiger als Talent ist Motivation. Denn aus Motivation entsteht Beharrlichkeit und die zwei anderen Kreise: Fachwissen und kreatives Denken. Wie sagt Karl Valentin doch so treffend: »Kunst ist schön, macht aber viel Arbeit.«

Motivation ist die Geheimwaffe, die uns dabei hilft, diese Arbeit zu bewältigen.

Intrinsische und extrinsische Motivation. Bei der zitierten Grafik von T. M. Amabile wird bei »Motivation« unterschieden zwischen »intrinsic« und »extrinsic«.

---

12 https://hbr.org/1998/09/how-to-kill-creativity

Mit intrinsischer Motivation ist gemeint, dass man wegen einem inneren Anreiz handelt, der in der Tätigkeit selbst liegt. Man denkt sich zum Beispiel gerne etwas aus, weil man sich danach großartig fühlt, wenn es geklappt hat. Ein Komponist erfindet neue Melodien, weil es ihm eben Spaß macht.

Eine extrinsische Motivation ist ein Anreiz von außen, zum Beispiel eine Beförderung, eine gute Beurteilung durch den Chef oder eine Gehaltserhöhung. Die Forschung geht davon aus, dass für kreative Leistungen innere Anreize besser funktionieren als äußere.

Die »Mein Problem«-Technik. Diese Motivations-Technik basiert auf der Beobachtung, dass man an Problemen engagierter arbeitet, wenn man einen persönlichen, menschlichen Bezug dazu hat.
Damit ist konkret gemeint, dass Sie anders an eine Aufgabe herangehen, wenn Sie für einen Kunden arbeiten, den Sie nicht persönlich kennen, als für einen Kunden, dem Sie regelmäßig in Meetings die Hand schütteln. Deshalb ist es auch wertvoll, wenn Junior-Kreative den Kunden selbst erleben. Es macht einen großen Unterschied, ob man für den Elektronikkonzern X eine Idee liefern soll oder für Herrn Paulsen und Frau König vom Elektronikkonzern X. Zu X hat man kaum einen Bezug, zu zwei Menschen kann man viel eher eine Verbindung herstellen.
Zudem ist es immer gut, wenn man seine Idee persönlich beim Kunden vorstellen soll. Wer genau weiß, dass er in drei Wochen beim Kunden präsentieren muss, arbeitet zielgerichteter und engagierter, als wenn die Idee ein Berater vorstellen wird und man nicht in der Schusslinie steht, falls die Idee nicht gefallen sollte.
Zusammenfassend kann man sagen: Je persönlicher und menschlicher es zugeht, desto höher die Motivation und desto besser das Ergebnis!

Die Projektions-Technik: den Erfolg vorfühlen. Eine gute Möglichkeit, sich zu motivieren, ist, sich gedanklich in die Situation zu projizieren, in der Sie den Erfolg bereits haben. Arnold Schwarzenegger drückt das so aus: »The mind is the limit. As long as the mind can envision the fact that you can do something, you can do it. As long as you believe 100 percent.«

Sie denken nicht an die Aufgabe, nicht an die Angst vor dem Scheitern, nicht an die Mühen und Anstrengungen, sondern an den Erfolg. Mehr noch: Sie fühlen sich in die Situation ein, wie es wäre, den Erfolg bereits zu erleben.
Nehmen wir als Beispiel etwas, das wohl kaum jemanden Freude bereiten wird: die Wohnung putzen. Schrecklich, nicht wahr? Lästig und mühsam. Wenn man nur daran denkt, ist man negativ gestimmt und hat keine Lust anzufangen. Denken Sie jetzt nicht mehr ans Putzen selbst, sondern an das Ergebnis: Ihre Wohnung ist wunderbar sauber, alles glänzt und strahlt. Stellen Sie sich vor, Sie stehen in Ihrer blitzblanken Wohnung und blicken sich zufrieden und stolz um. Alles ist ordentlich, aufgeräumt und sauber. Dieser Gedanke fühlt sich schon ganz anders an, nicht wahr? Es wäre klasse, eine so schöne Wohnung zu haben. Im Kontext mit Ideen funktioniert das ganz ähnlich.

Beispiel: die Vorstellung vom Lob für die brillante Idee. Denken Sie daran, wie großartig es sich anfühlt, wenn Sie die Aufgabe hervorragend gelöst haben. Schließen Sie die Augen, und fühlen Sie schon jetzt die Freude über Ihre brillante Idee. Genießen Sie schon jetzt das Lob und die Anerkennung von allen Seiten. Denken Sie sich ein paar Worte von der Person aus, von der Sie Lob am meisten schätzen. Versuchen Sie, diese angenehme Situation von Ihrem inneren Auge zum Leben zu erwecken. Nutzen Sie dazu alle Ihre Sinne.

»WIR KÖNNEN IMMER
WÄHLEN, WORAN WIR
DENKEN WOLLEN.
ES KÖNNEN GEDANKEN
AN DIE MÜHEVOLLE ARBEIT
SEIN, DIE UNS
HERUNTERZIEHEN.
ODER GEDANKEN
AN DEN ERFOLG,
DIE UNS MOTIVIEREN
UND BEFLÜGELN.«

Versuchen Sie zum Beispiel, sich vorzustellen, wie Ihr Chef Ihnen auf die Schulter klopft. Fühlen Sie es. Stellen Sie sich vor, wie die Kollegen eine Flasche Sekt öffnen und wie schön der Sekt auf Ihrer Zunge prickelt. Verschiedene Sinne in diese Vorstellung einzubeziehen hilft, die Situation im Kopf zu verankern und erlebbar zu machen.
Wenn Sie Probleme damit haben, sich diese Situation vorzustellen, dann versuchen Sie, sich das Ganze aufzuschreiben. So, wie die Szene in einem Roman aus der Ich-Perspektive beschrieben sein könnte.
Hier ein Beispiel. Sie werden sehen, dass die Situation mit jedem kleinen Detail und mit jedem Sinn, der angesprochen wird, noch realer wirkt. Malen Sie sich aus, was passiert, wenn alles bestens klappt.

Ich stehe morgens mit einer Tasse heißem, wunderbar duftendem Kaffee im Konferenzsaal und blicke zum Fenster hinaus. Die Sonne schickt ihr goldenes Licht durch die grünen, dichten Blätter der Bäume. Ich öffne ein Fenster und atme die frische, klare Morgenluft ein. Entspannt trinke ich den leckeren Kaffee und stelle dann die Tasse aufs Fensterbrett.
Der Chef betritt den Konferenzraum.
»Moin, moin!«, ruft er mir fröhlich zu, »Glückwunsch, mein Lieber!« Mit schnellen Schritten geht er auf mich zu und klopft mir auf die Schulter.
»Der Kunde rief gerade an. Deine Idee ist gekauft. Ohne Änderungen!« Er zwinkert mir zu.
»Ach was?«, sage ich überrascht, »Das ist ja super!« Begeistert recke ich die Fäuste nach oben wie ein Tennisspieler, der gerade Wimbledon gewonnen hat.
»Ja, absolut genial, der Kunde war noch nie so begeistert«, stimmt mir mein Chef zu. Seine Augen strahlen.
Die Tür wird aufgerissen.

»Hey! Ich will auch gratulieren«, sagt der Inhaber und kommt mit einem Tablett voller Sektgläser auf uns zu. »Kommt, Jungs, lasst uns schnell anstoßen, bevor die anderen alles wegschlucken«, grinst er und drückt meinem Chef und mir je ein Glas in die Hand.
»Auf diese großartige Idee, an der wir noch viel Freude haben werden. Glückwunsch!«
Die Gläser klirren, der Sekt prickelt wunderbar auf meinem Gaumen. Ich sonne mich im Gefühl, es geschafft zu haben.
Die Mühe hat sich gelohnt.

Positives Denken allein reicht leider nicht. Gabriele Oettinger, Professorin für Psychologie an der New York University und der Universität Hamburg, hat sich damit eingehend beschäftigt. Sie sagt: Positives Denken ist gut und schön, reicht allein aber nicht aus, um etwas zu bewirken.
Zwei Experimente führten sie zu einer bemerkenswerten Erkenntnis.

Beim ersten Experiment sollten sich Frauen intensiv die Schuhe ihrer Träume vorstellen. Bei einer anschließenden Untersuchung fand Professorin Oettinger heraus, dass der Blutdruck der Teilnehmerinnen gesunken war. Mit anderen Worten: Ihr Energielevel war gefallen.

Eine andere Studie zeigte, dass die Bewerber um einen Job, die sich vorgestellt hatten, wie exzellent sie sich im Job-Interview schlagen würden, tatsächlich am Ende weniger Angebote hatten und sogar weniger verdienten als Teilnehmer, die negative Gedanken zugelassen hatten. Professorin Oettinger folgerte daraus: Wer von einer besseren Zukunft träumt, denkt, er sei schon am Ziel. Das entspannt ihn dermaßen (niedrigerer Blutdruck), dass nun die Kraft fehlt, die Dinge wirklich anzugehen.

Fazit: Sich das positive Ergebnis vorzustellen ist gut, aber man muss sich gedanklich auch einen Weg ausmalen, wie man die Hindernisse meistert.

Die Woop-Methode nach Professorin Oettinger. Basierend auf dieser Erkenntnis, hat Professorin Oettinger die »Woop«-Methode entwickelt. »Woop« steht für: wish, outcome, obstacle, plan.

Es geht darum, sich den Wunsch und das positive Ergebnis ebenso anzuschauen wie das Hindernis und den Plan, den man verfolgt, um es zu überwinden. Man muss sich das so anschaulich vor Augen führen, dass man das Gefühl hat, man erlebe es tatsächlich. Es reicht also nicht aus, nur rational zu denken, man muss es auch fühlen. Die Woop-Methode, so Professorin Oettinger, hat den Vorteil, dass man nicht mehr ungehindert im schönen Gefühl schwelgen kann, denn man muss ja auch die Hindernisse bedenken und einplanen. Der Blutdruck sinkt nicht ab, und man hat Energie, um aktiv zu werden und den Plan vom Kopf auf die Straße zu bringen.

Beispiel: Wie sich Hochleistungssportler einstellen. Wie erreichen Spitzensportler ihre herausragenden Leistungen? Haben sie ein Erfolgsgeheimnis? Ja – und Sie kennen die Technik bereits. Auch viele Hochleistungssportler begeben sich gedanklich in die Zukunft und stellen sich vor, wie sie jede Bewegung perfekt meistern.
Haben Sie schon einmal bei einer Fernsehübertragung vom Skispringen oder einer Skiabfahrt gesehen, was die Athleten vor dem Start tun? Sie sind ganz in sich gekehrt und gehen im Kopf durch, was sie gleich tun werden. Sie stellen sich jede Bewegung vor. Bei Skifahrern sieht man das auch äußerlich, wenn sie sich nicht nur gedanklich in die Kurve legen, sondern auch schon den Körper mitnehmen.

Im Prinzip passiert hier nichts anderes als bei der Woop-Methode. Die Sportler fühlen sich in die Situation ein, nehmen die Hindernisse gedanklich vorweg und sehen sich erfolgreich und umjubelt ins Ziel fahren.

Die Fußballtrainer-Technik. Oft hakt es bereits daran, dass sich manche Kreative einfach nicht vorstellen können, eine brillante Idee ausdenken zu können. Sie glauben, sie könnten vielleicht ordentliches Mittelmaß produzieren, aber die genialen Ideen würden immer nur anderen einfallen. Wer das glaubt, kann sich nicht zu Höchstleistungen motivieren. Seine Einstellung lässt es nicht zu.

Schauspieler Will Smith bringt es auf den Punkt, indem er feststellt: »The first step is you have to say that you can.« Genau das hat auch Barak Obama 2008 in seinem Wahlkampf getan. »Yes We Can!«, lautete der Slogan, mit dem er seinen Anhängern (und sich selbst) klarmachen wollte, dass es absolut möglich ist, als erster Farbiger ins Weiße Haus einzuziehen. Und auch Theodore Roosevelt sagte schon: »Believe you can and you're halfway there.«

Was bedeutet das für Sie? Es bedeutet, dass Sie an sich selbst glauben müssen. Es bedeutet, dass Sie sich große Ziele setzen müssen.

Geben Sie sich nicht mit Mittelmaß zufrieden, sondern streben Sie Exzellenz an. Wenn man mit dem Bild eines Sportlers arbeiten möchte, könnte man sagen: Zielen Sie auf die Goldmedaille. Geben Sie alles, um Gold zu holen. Am Ende reicht es dann vielleicht »nur« für Bronze, aber wenn Sie Bronze angestrebt hätten, dann hätte es vermutlich zu gar keiner Auszeichnung gereicht.

– Sprechen Sie sich Mut zu.
– Feuern Sie sich an.

- Bauen Sie sich auf.
- Freuen Sie sich über jeden kleinen Erfolg.
- Lassen Sie nicht zu, dass Sie Rückschläge deprimiert zurücklassen.
- Behandeln Sie sich gut.

Kurzum: Machen Sie es wie ein guter Fußballtrainer. Der muss seinen Schützlingen auch helfen, Niederlagen zu verarbeiten und die Mannschaft zu immer neuen Höchstleistungen anzutreiben. Denken Sie an Arnold Schwarzenegger: »You have to see yourself winning before you win. And you have to be hungry. You have to want to conquer.«

Wenn Sie noch nicht so ganz überzeugt sein sollten, dann sehen Sie die Sache doch mal so: Irgendeine Einstellung müssen Sie sowieso haben. Sie können wählen. Sie können daran glauben, dass Sie nur Mittelmaß ausdenken. Oder Sie glauben, dass Sie wirklich hervorragende Ideen haben können. Beides kostet Sie nichts. Und eines von beidem müssen Sie eh glauben.

Also: Entscheiden Sie sich für die mutige Variante!

Glauben Sie an sich selbst. Henry Ford hat einen schönen Satz gesagt, der zeigen soll, wie fundamental wichtig die innere Einstellung ist: »Whether you think you can or you think you can't – either way you are right.«

Wenn Sie Probleme damit haben, an sich zu glauben, dann nutzen Sie den Trick von der Projektions-Technik, und schreiben Sie auf, was Ihr erfolgreiches Ich erleben würde. Lesen Sie sich den Text immer wieder durch, und strengen Sie sich an, dieses Ich zu werden. Beziehen Sie die Woop-Technik mit ein, indem Sie einen durchdachten Plan aufstellen, wie Sie die Hindernisse überwinden können. Gehen Sie mit dem festen Willen an Ihre Aufgaben heran, sich jetzt wirklich und ganz ernsthaft etwas Großartiges einfallen zu lassen.

Die Kleine-Ziele-Technik. Manche Marathonläufer haben einen Trick, um so lange Strecken laufen zu können. Sie überlisten sich selbst, indem sie – wenn sie schon ziemlich ausgepowert sind – sagen: »Nur noch bis zum roten Auto!« Haben sie dann das Auto erreicht, heißt es: »Okay, nur noch bis zur Ampel!« An der Ampel geht es weiter: »Nur noch bis zum Supermarkt!« Und so fort. Bis sie es am Ende ins Ziel geschafft haben.
Man setzt sich also kleine Ziele, die erreichbar erscheinen. Man hat zwar keine Kraft mehr und möchte am liebsten aufgeben, aber okay, für so ein kleines Ziel reicht es noch.

Die Vorstellung, dass man das Ziel ja fast schon erreicht hat, motiviert und setzt neue Kräfte frei. Schließlich lieben wir es, Ziele zu erreichen. Es macht uns glücklich und vermittelt uns ein gutes Gefühl. Diese Technik hilft Ihnen nicht unmittelbar, wenn es darum geht, eine große Idee zu finden. Denn viele kleine Ideen addieren sich nicht zu einer großen. Aber dieses Vorgehen hilft Ihnen, wenn Sie die Hausaufgaben erledigen, mit denen Sie die Voraussetzungen für die Big Idea schaffen. Etwa wenn Sie sich durchs Briefing arbeiten, das in Behördendeutsch geschrieben ist. Nur noch bis Seite 2. Okay, nur noch bis Seite 4. Gut – und jetzt nur noch bis Seite 6. Und so weiter. Oder wenn Sie Informationen über die Konkurrenz recherchieren.

Noch schöner fühlt es sich übrigens an, wenn man die kleinen Ziele auf einem Zettel notiert und dann genüsslich durchstreicht, sobald man sie erreicht hat.

Die Teampartner-Technik. Suchen Sie sich einen Teampartner, den Sie für besser halten als sich selbst. Vielleicht einen Kollegen, den Sie brillant finden. Fragen Sie ihn, ob er Lust hat, zusammen mit Ihnen zumindest eine Stunde lang über ein Problem nachzudenken.

In Werbeagenturen zum Beispiel wäre das kein Problem. Ich habe oft erlebt, dass sich Kreative zusammengeschlossen haben, um gemeinsam über einem Problem zu brüten. Wenn nun ein Berufseinsteiger mit einem erfahrenen Kreativen ausdenkt, möchte er sich beweisen und gibt extra Gas, damit der Kollege einen guten Eindruck von ihm hat. Er möchte sich nicht blamieren und strengt sich besonders an. Auf diese Weise kann sich der Berufsanfänger vom erfahrenen Kollegen übrigens auch abschauen, wie er an die Sache herangeht.

Die Wettkampf-Technik. Eine Wettkampfsituation motiviert, sich besonders anzustrengen. Schließlich möchte man sich beweisen und nicht als Loser vom Platz schleichen. Das ist beim Sport nicht anders als im Berufsleben. Wenn Sie die Möglichkeit haben, dann laden Sie einen Kollegen oder jemanden aus Ihrem Team ein, zu einem Projekt ebenfalls Ideen zu erarbeiten.

Machen Sie nicht den Fehler, sich einen Kollegen herauszupicken, den Sie mühelos übertreffen. Das ist zwar angenehm, aber keine Herausforderung und funktioniert nicht. Suchen Sie denjenigen aus, der Ihnen das Wasser reichen kann (vielleicht sogar besser ist) und gegen den Sie auf keinen Fall verlieren wollen. Sie werden staunen, wie motiviert und mit Feuereifer Sie an die Arbeit gehen werden.

Die Strike-Back-Technik. Unterdrückte Wut ist ein wunderbares Gefühl. Es ist voller Energie und eine Quelle für eine unbändige Motivation. Wie sagte doch Frank Sinatra so treffend: »The best revenge is massive success.«

Ihr Chef hat Sie im Personalgespräch schlechter beurteilt, als Sie es eigentlich verdient hätten? Er weiß Ihre Arbeit nicht zu schätzen und bevorzugt andere? Zeigen Sie ihm, wozu Sie fähig sind. Steigern Sie sich hinein in Ihre Wut. Werden Sie zum Berserker. So wurden im Mittelalter skandinavische Krieger bezeichnet, die sich in einen Rausch hineinsteigerten, in dem sie keinen Schmerz mehr spürten und über sich hinauswuchsen.

Nike greift in seiner Werbung immer wieder auf, wie motivierend es ist, sich einem Gegner (oder mehreren) zu stellen, scheinbar die ganze Welt gegen sich zu haben und es am Ende allen zu zeigen und sich durchzusetzen. Der Wille, seine Gegner zu besiegen und sich gegen alle Widerstände erfolgreich zu behaupten, setzt große Kräfte frei.

Beispiel: Nike über die motivierende Kraft von Gegnern. In einer Anzeige sieht man Serena Williams, die die Faust nach oben reckt. Die Tennisspielerin war Nummer 1 der Weltrangliste, fiel zurück auf Rang 140 und schaffte es, sich wieder an die Spitze zurückzukämpfen. Nike erzählt diese Geschichte. Williams' Weg zurück zur Nummer 1 wird von Schmährufen und Kritik begleitet. Am Ende steht die Feststellung der Athletin, dass sie keine Sympathien braucht, um sich zurück an die Weltspitze zu kämpfen, sondern Gegner, denen sie es zeigen kann: »Ranked No. 140. Uncommitted. Preoccupied. Disinterested. Out of shape. Ranked No. 81. Unprepared. No heart. No nerve. No legs. Ranked No. 14. In no shape to lose I don't need sympathy to get back to No. 1, I need opponents. Just do it.« (Agentur: Wieden+Kennedy)

Beispiel: Maria Sharapova. Ebenfalls von Nike und seiner Agentur Wieden+Kennedy stammt ein Werbespot mit der Tennisspielerin Maria Sharapova. Auch diese Sportlerin hat mit Neid und Missgunst zu kämpfen. Wir sehen, wie sie sich in ihrem Hotelzimmer im New Yorker Waldorf Astoria fertigmacht für ein Match bei den US Open im Arthur Ashe Stadium. Dazu hören wir den Song »I'm so pretty« aus der West Side Story. Mit konzentriertem, ernstem Gesicht steigt sie in den Fahrstuhl. Der Liftboy neben ihr singt das Lied mit, ebenso wie alle anderen, denen sie auf ihrem Weg zum Tenniscourt begegnet: die Putzfrauen im Hotel, die Rezeptionisten, ein Hotelgast in der Lobby, der Doorman, der Taxifahrer, die Paparazzi, die Fernsehreporterin, die Gegenspielerin, die Moderatoren am Court, das Ballmädchen, der Kameramann, der Oberschiedsrichter, die Zuschauer – alle singen das Lied mit, in dem es nur um eines geht: das Aussehen der Tennisspielerin. Sie wird allein auf ihr Äußeres reduziert. Dabei verzieht sie keine Miene und bleibt konzentriert. Sie gibt die Antwort auf dem Platz. Ihre Gegnerin beginnt mit einem harten Aufschlag, Sharapova knallt mit einem lauten Schrei einen noch härteren Return zurück und macht den Punkt. Schlagartig verstummt das Lied über ihr hübsches Aussehen. »Wow!«, sagt der Moderator überrascht. Die Zuschauer sind perplex – dann applaudieren sie. Maria Sharapova hat gezeigt, dass sie Sportlerin ist und kein Beauty-Püppchen. »Just do it« und das Nike-Logo werden eingeblendet.

Sie können sich den Spot auf YouTube ansehen. Geben Sie einfach »Nike ad, Maria Sharapova, I feel pretty« ins Suchfeld ein. Es lohnt sich. Ein großartiger Spot.

Die Idol-Technik. Suchen Sie sich ein Idol, das Sie großartig finden. Beschäftigen Sie sich eingehend mit der Person. Eifern Sie Ihrem Vorbild nach, und versuchen Sie, es in den Schatten zu stellen. Schauen Sie mal in das Zimmer von Jugendlichen, die Taekwondo betreiben. Mit Sicherheit hängt in vielen Zimmern ein Poster von Bruce Lee an der Wand.

Idole helfen uns, unseren Weg zu finden. Wir folgen einfach jemandem, der diesen Weg vor uns gegangen ist. Und zwar bis zu einem Punkt, an dem wir unseren eigenen Weg gehen.

Die Musik-Technik. Musik ist ein Turbo, um sich in einen motivierten Zustand zu katapultieren. Der Sportpsychologe Costas Karageorghis von der englischen Brunel University hat bei Tests herausgefunden, dass Läufer ihren Trainingseffekt mit Musik um bis zu 20 Prozent steigern können.

Sie müssen ein bisschen experimentieren, um herauszufinden, welche Musik Sie motiviert und in eine positive Aufbruchstimmung versetzt. Vielleicht ist es »I'm walking on sunshine« oder »Eye of the tiger«? Finden Sie es heraus. Ein Song kann schon genügen, um unsere Stimmung zu ändern.

Die Große-Bilder-Technik. Ebenfalls ein starker Turbo ist es, mit bildgewaltigen Filmen eine Aufbruchstimmung auszulösen. Monumentale Szenen motivieren dazu, nun ebenfalls die Welt zu erobern und Heldentaten zu vollbringen. Untermalt wird das Ganze mit heroischer, treibender Musik. Die Szenen stammen zum Beispiel aus Hollywoodfilmen oder zeigen Top-Athleten, die Rekorde aufstellen. Geben Sie mal auf YouTube das Suchwort »Motivation« ein, und schauen Sie sich ein paar Filme an. Diese Art der Motivation ist nicht jedermanns Sache. Man liebt es, oder man hasst es.

Die 60-Minuten-Technik. Nehmen wir an, Sie sind nicht motiviert. Die Aufgabe ist furchtbar lästig. Sie tun alles, um sie nicht angehen zu müssen.

Hier eine Lösung für so eine Situation: Sie wissen selbst aus eigener Erfahrung, dass Sie die Aufgabe zwar ständig weiter nach hinten verschieben können, aber gleichzeitig immer ein ungutes Gefühl dabei haben. Das schlechte Gewissen nagt an Ihrer Ruhe. Kein schöner Zustand. Schließen Sie einen Deal mit sich selbst: Geben Sie sich 60 Minuten, um die Aufgabe zu lösen. Sagen Sie sich: Lieber sich 60 Minuten lang schlecht fühlen als die ganzen Tage, in denen ich die Idee vor mich herschiebe.

Wir werden später bei den Kreativtechniken eine Methode kennenlernen, die ebenfalls mit 60 Minuten arbeitet. Hier geht es dann darum, mit einem künstlichen Zeitdruck zu arbeiten. Beim Thema Motivation geht es darum, die bittere Pille in Kauf zu nehmen, um das ungute Schuldgefühl zu vermeiden, das Sie sonst über Tage mit sich herumschleppen würden. Im Englischen sagt man: »Sweat today, smile tomorrow.«

Die Early-Bird-Technik. Je erfolgreicher man als Kreativer wird und je weiter man auf der Karriereleiter nach oben steigt, desto mehr Managementaufgaben bekommt man häufig aufgehalst. Man muss sich um Teams kümmern, Präsentationen schreiben und hat Meetings ohne Ende. Das kann eine Menge Abwechslung bringen und Spaß machen. Das Problem ist nur: Wann soll man da noch ausdenken? Hat man dann doch einmal Zeit, kommt meistens jemand ins Büro geschneit, und das nächste Projekt beginnt. Für die Motivation ist das nicht gerade förderlich. Was tun?

Eine Möglichkeit ist, sich Zeitfenster für Meetings mit sich selbst im Kalender zu blocken: »15 bis 17 Uhr: Ausdenken. Nicht verschiebbar.«

Es gibt aber noch eine weitere Möglichkeit: Ich habe von vielen Kreativchefs gehört, dass sie früh aufstehen, um zu Hause eins, zwei Stunden zu arbeiten, bevor sie ins Büro fahren. Diese Methode nenne ich die Early-Bird-Technik. Die Vorteile sind klar: Sie sind frisch und ausgeruht von der Nacht (hoffentlich) und können ganz in Ruhe konzentriert arbeiten, niemand stürmt herein und will etwas von Ihnen.

Sie können die Zeit auch nutzen, um einige Dinge für das Tagesgeschäft zu erledigen, damit Sie später im Büro Zeit zum Ausdenken finden, zum Beispiel mit einem Teampartner. Was auch immer Sie frühmorgens tun: Es hilft Ihnen, den Tag entspannter anzugehen. Der Effekt ist vergleichbar mit dem Gefühl, das man nach dem Sport hat: Man ist froh, dass man es gemacht hat. Sie starten gut in den Tag, haben schon einiges erledigt und sind motiviert, diesen Erfolg fortzusetzen.

VORFREUDE
ANGST

DIE KUNST, EINFACH ANZUFANGEN.

WIE SIE, OHNE ZEIT ZU VERLIEREN, LOSLEGEN.

DIE ANGST VOR DEM WEISSEN BLATT.

Nicht wenige Menschen verdienen ihren Lebensunterhalt mit Ideen. Das sind zum Beispiel Designer, Werbefachleute, Architekten, Komponisten, Ingenieure, App-Entwickler, Autoren, Unternehmer und viele mehr. Sie alle stehen unter dem Druck, ständig eine Idee finden zu müssen, die den Vorgaben von Zeit, Kosten und Qualität gerecht wird. In dem meisten Fällen muss die Idee kostengünstig umsetzbar, vielversprechend und auch wirklich neu sein.

Das lähmende Gefühl von Angst. Die Ansprüche an die Idee sind also riesig. Die Zeit sitzt einem im Nacken. Und der Chef meistens auch. In so einer Situation ist es verständlich, dass der Gedanke aufkommt: Um Himmels willen, wie soll ich das nur schaffen? Was passiert, wenn ich keine passende Idee habe?
Solche Überlegungen führen zu einem lähmenden Gefühl von Angst. Es ist die berühmte Furcht vor dem leeren Blatt Papier. Wie geht man

damit um? Was kann man tun, um solche Gedanken zu vermeiden? Der falsche Weg wäre, diese Gedanken mit aller Gewalt ausblenden und verdrängen zu wollen. Das ist wie mit dem Beispiel vom rosa Elefanten. Wenn man zu jemandem sagt: »Denk jetzt bloß nicht und unter keinen Umständen an einen rosa Elefanten«, dann entsteht in seinem Kopf genau das – ein rosa Elefant. Genauso unsinnig ist es, sich selbst Zweifel und Angst verbieten zu wollen. Das funktioniert nicht. Besser ist es, man lässt diese Gedanken zu. Ja, ich habe Angst, keine brillante Idee zu haben. Ja, das wäre gar nicht gut und mein Chef wäre nicht zufrieden mit mir. Es ist okay, solche Gedanken zu haben. Sich von ihnen beherrschen und lähmen zu lassen, nicht.

Dem Druck Sicherheit entgegensetzen. Mit diesem Buch möchte ich dem Druck, der auf Ihnen lastet, eine gewisse Sicherheit entgegensetzen. Ich möchte Ihnen klare und nachvollziehbare Ideenfindungstechniken und Prozesse an die Hand geben. Sie sollen das Gefühl haben, die Sache entspannt angehen zu können, weil Sie wissen, was zu tun ist. Weil Sie wissen, wie Sie auf schnellen Wegen zu guten Ergebnissen kommen.

Ich werde Ihnen nicht nur einen Weg vorstellen, sondern viele. Sie können sich die herauspicken, die Ihnen persönlich am meisten zusagen. Auf diese Weise wird die Last zur Lust. Es wird Ihnen Spaß machen, sich mit Problemen zu befassen und harte Nüsse knacken zu können. Ich möchte Ihnen ein Grundgefühl von Sicherheit verschaffen. Was ich nicht möchte, ist, Ihnen den Druck, die Anspannung und die Angst vollständig zu nehmen. Denn diese Dinge sind äußerst wertvoll!

Nur auf den ersten Blick sind Angst und Druck etwas Negatives. Wenn man ein Grundvertrauen in seine Fähigkeiten aufgebaut hat, dann sind Angst und Druck ein starker Motor, der einen zu Höchstleistungen an-

»ANGST IST
KEIN GUTER RATGEBER.
ABER EIN STARKER MOTOR,
DER SIE MOTIVIERT,
SICH ZU KONZENTRIEREN.«

treiben kann. Motivation ist ein entscheidender Faktor im Ideenfindungsprozess. Wer motiviert ist und Gas gibt, wird bessere Ergebnisse erzielen als jemand, der Dienst nach Vorschrift macht.

Wir werden später noch darauf eingehen, aber schon jetzt möchte ich Ihnen vermitteln, dass Angst und Druck zwei Freunde sind. Sie sind nicht ungefährlich. Wir dürfen uns nicht von ihnen beherrschen lassen, sondern müssen die beiden unter Kontrolle halten. Und das erreichen wir mit unserem Know-how, mit unserem Wissen über Ideenfindungstechniken und Prozessen.

Die Schlittenhunde »Angst« und »Druck«. Um es in einem Bild auszudrücken: Stellen Sie sich vor, Sie machen eine Expedition durch Lappland. Sie sind unterwegs, um Neuland zu betreten, also auf der Suche nach einer innovativen Idee. Ihre beiden großen, starken Schlittenhunde heißen »Angst« und »Druck«. Sie sind das Alphatier und müssen den beiden klarmachen, wer das Sagen hat. Wenn Ihnen das gelingt, bringen Sie die beiden Schlittenhunde bestens voran. Wenn Sie aber die Kontrolle über die beiden verlieren, besteht die Gefahr, dass die Hunde sich auf Sie stürzen.

Wenn Sie nur noch an die Angst vor dem Scheitern denken, wenn Sie nur noch den Druck auf Ihren Schultern spüren, dann werden Sie sich so gelähmt und verkrampft fühlen, dass sich exzellente Ideen kaum einstellen werden. Sie sind nicht offen dafür. In so einer Situation ist es das Beste, aufzustehen, einen Spaziergang zu machen und sich aufzulockern. Erst dann kann man weiterarbeiten. Fazit: Angst und Druck sind gut – wenn wir sie beherrschen und für unsere Zwecke einsetzen.

Die schöne Seite eines kreativen Berufs. Zugegeben: Ein Beamter etwa muss mit deutlich weniger Angst und Druck umgehen können. Er ist unkündbar, und wenn er seiner Tätigkeit ordentlich nachgeht, kann ihm nichts passieren. Das Risiko ist sehr gering. Aber mal ehrlich: Wäre so ein Beruf nicht langweilig? Ist es nicht viel spannender, sich jeden Tag aufs Neue tolle Ideen ausdenken zu können? Ist es nicht ein Privileg, von Ideen leben zu können?

Es wird immer Zeiten geben, in denen man mit seinem Beruf hadert. Gerade dann, wenn es mal nicht rundläuft. In so einem Fall empfehle ich einen Blick nach links und rechts und einen Vergleich mit anderen Berufen.

Diesen Gedanken werde ich an zwei Beispielen deutlich machen. Für ein anderes Buchprojekt habe ich mich intensiv mit Menschen aus der ganzen Welt beschäftigt. Die Idee des Buchs ist es, die Weltbevölkerung statistisch auf 100 Menschen herunterzurechnen und mit diesen 100 Personen eine Geschichte zu erzählen.

Zwei Beispiele für richtig schlechte Jobs. Bei meiner Recherche stieß ich beispielsweise auf den Beruf des Müllsammlers. Müllsammler leben in Slums auf Müllhalden, zum Beispiel in Afrika, in Asien oder Südamerika. Sie fackeln Elektroschrott ab, um an die wertvollen Metallteile im Inneren von Computern, Handys oder Fernsehern zu kommen. Dabei entsteht ätzender Rauch, der bei vielen Müllsammlern zu ernsthaften Erkrankungen oder sogar zum Tod führt. Fotos davon sehen aus wie aus einem Albtraum.

Als weiteres Beispiel für einen schlechten Job führe ich ein Mädchen an, das in einer indischen Fabrik Reißverschlüsse für Nähmaschinen vorbereitet. Diese Tätigkeit ist stupide, eintönig und völlig anspruchslos. Man muss dabei nicht denken, es geht nur um einen einfachen Handgriff. Das Mädchen geht seinem Job von früh bis abends nach, auch am Wochenende. Einen Sonntag im Monat hat es frei. Dass man auf die Dauer ganz matschig wird im Kopf, wenn man so etwas machen muss und sich langweilt, liegt auf der Hand.

Millionen Menschen beneiden Sie um Ihre Luxusangst. Die beiden Tätigkeiten werden mit lächerlichen Hungerlöhnen von weniger als einem US-Dollar pro Tag bezahlt. Diese zwei Beispiele zeigen außergewöhnlich schlechte Jobs. Aber Übertreibung macht anschaulich. Wir sehen daran, wie gut es uns geht. Und wie dankbar wir sein können, so einen Beruf zu haben. Glauben Sie mir: Viele Millionen Menschen auf der ganzen Welt beneiden Sie. Gerne würden diese Menschen ihre Angst vor Hunger, Krankheit und Gewalt gegen Ihre Angst vor einem weißen Blatt Papier eintauschen. Vergessen Sie das bitte nicht, wenn Sie sich mal wieder fragen, womit Sie das alles verdient haben, und im Selbstmitleid versinken. Ich möchte diese Angst nicht lächerlich machen. Aber ich möchte Ihnen helfen, sie richtig einzuordnen, und Ihnen klarmachen, dass es weitaus schlimmere Ängste gibt.

An das andere Ende der Angst denken. Hier ein Tipp, wie Sie mit der Angst vor dem weißen Blatt und der daraus folgenden Aufschieberitis umgehen können.

Nutzen Sie die Motivations-Techniken aus dem zweiten Kapitel, und versetzen Sie sich in die Situation, in der Sie die Hindernisse überwunden haben, alles bestens geklappt hat und Sie den Erfolg genießen können. Auf diese Weise stellen Sie der Angst ein ganz anderes Gefühl entgegen: die Vorfreude auf den Erfolg.
Denken Sie sich eine Situation aus, in der Ihr Erfolg lebendig wird. Wann immer die Angst hochkommt, begeben Sie sich gedanklich in diese Situation hinein. Das kann eine Besprechung sein, in der Sie Ihr Chef vor dem gesamten Team für Ihre Leistung lobt. Es kann auch das Personalgespräch sein, in dem Sie für Ihren Erfolg gerühmt werden. Oder es ist ein Gespräch mit Kollegen in der Kaffeeküche, in dem Ihre Kollegen Ihnen gratulieren.

GEGEN DIE AUFSCHIEBERITIS: KONZENTRATION UND ROUTINE.

»Neben der edlen Kunst, etwas zu erledigen, gibt es die nicht minder edle, Dinge ungetan zu lassen. Das Aussortieren des Unwesentlichen ist der Kern der Lebensweisheit.« – Laozi, chinesischer Philosoph

Die Angst vor dem weißen Blatt kann unbewusst dazu führen, dass wir alles tun, um uns vom Schreibtisch fernhalten zu können.
Es findet sich immer eine Ausrede, um nicht anfangen zu müssen: In der Kaffeeküche, im Büro der Kollegen oder im Rauchereck kann man sich wunderbar vor der Arbeit verstecken. Und selbst dann, wenn wir es an den Schreibtisch geschafft haben, hat uns die Aufschieberitis im Griff. Schnell noch Mails checken, schnell noch auf der Nachrichtenseite vorbeisurfen, schnell noch Facebook besuchen, schnell noch eine Tasse Kaffee trinken, schnell noch eine Zigarette rauchen, schnell noch dieses, schnell noch jenes. Hauptsache, wir müssen nicht anfangen und uns der Aufgabe stellen. Was tun?

Ablenkungen minimieren. Die erste Antwort liegt auf der Hand: Sie müssen die Ablenkungen von außen minimieren und die Konzentration auf die Aufgabe maximieren.
Mit welcher Kreativtechnik Sie am Ende arbeiten, ist gar nicht so entscheidend. Entscheidend ist, dass Sie sich möglichst lange und konzentriert mit der Aufgabe beschäftigen. Ein guter erster Schritt ist also, die Ablenkungen von außen zu minimieren.
Damit meine ich zum Beispiel:

- Schalten Sie Ihr Mailprogramm für eine Stunde aus.
- Schalten Sie Ihr Telefon auf lautlos.

- Hängen Sie ein Do-Not-Disturb-Schild an Ihre Bürotür, während Sie ausdenken.
- Räumen Sie Ihren Desktop auf.
- Räumen Sie Ihren Schreibtisch und Ihr Büro auf.
- Versuchen Sie, Ihren Schreibtisch so leer zu machen, wie es nur geht. Beseitigen Sie alles aus Ihrem Blickfeld, das Sie ablenken und zu etwas anderem verführen könnte. Bilder von der Familie auf dem Schreibtisch sind schön, verführend aber dazu, die Gedanken in Richtung der Lieben zu schicken. Deshalb sind Fotos auf dem Schreibtisch nicht zu empfehlen, wenn man sich davon ablenken lässt.

Unser Kopf geht unbewusst ständig Dinge durch, die er noch erledigen will. Manche Dinge sind so wichtig, dass sie ab und zu im Oberstübchen anklopfen, damit wir sie nicht vergessen. »Tina vom Kindergarten abholen« ist so ein Beispiel. Oder: »Abends Milch und Wasser im Supermarkt besorgen«. Besser ist es, Sie bekommen diese Dinge aus dem Kopf, indem Sie sie auslagern. Zum Beispiel auf eine To-do-Liste, die Sie jeden Morgen neu auf einen Zettel oder in eine To-do-App auf Ihrem Smartphone notieren. Was man auf einer Liste hat, muss man nicht im Kopf haben. So kann sich der Kopf auf die kreative Arbeit konzentrieren.

Apps für die Konzentration nutzen. Ich selbst arbeite mit der iPhone-App »Clear«. Sie ist simpel zu bedienen und zeigt mir verschiedene Listen mit Stichpunkten an, die ich nach Themen benannt habe. Zum Beispiel »Einkaufen«, »Buch«, »Arbeit«, »Wochenende« und so weiter. Fällt mir nun zum Beispiel ein, dass ich noch Wasser einkaufen muss, notiere ich einfach den Punkt »Wasser« auf die Liste »Einkaufen«. Schon ist der Gedanke an das Wasser auf die Liste ausgelagert

und muss sich nicht mehr alle eins, zwei Stunden in Erinnerung bringen, damit ich ihn nicht vergesse. Sobald ich das Wasser eingekauft habe, lösche ich die Notiz von der Liste.
Ich führe im Moment 19 solcher Listen. Ich denke, die Entlastung für meinen Kopf ist entsprechend hoch. Dieses System funktioniert allerdings nur, wenn man es konsequent benutzt und nicht ständig zwischen dem Kopf und der Liste als Verwalter hin- und herspringt. Früher war ich ein großer Fan von Listen in Form von Zetteln. Diese Zettelwirtschaft funktioniert auch gut, allerdings hat sie den Nachteil, dass man die Listen ständig neu aufschreiben muss und manchmal auch eine Liste verloren geht. Inzwischen habe ich mich an die digitalen Listen auf dem Handy gewöhnt. Ein weiterer Vorteil davon ist, dass man sie ständig dabeihat, weil man ohne Smartphone nur selten aus dem Haus geht. Sehen wir uns noch einige weitere Apps an.

Wer wirklich Probleme hat, die Finger von Facebook oder anderen Seiten zu lassen, sollte sich über Freedom informieren. Diese App für Mac, Windows, iPhone und iPad blockiert einzelne Webseiten und Anwendungen für eine bestimmte Zeit. Die Blockade lässt sich vor der festgelegten Zeit nur durch einen Neustart aufheben. Sie können die App kostenlos testen, aber sie kostet rund sieben US-Dollar im Monat.

Einen ähnlichen Ansatz verfolgt die App Offtime für Android- und Apple-Handys. Mit Offtime können Sie für eine festgelegte Zeit Anrufe, Nachrichten und einzelne Apps wie zum Beispiel Spiele, Facebook oder Instagram blockieren. Nach dieser Zeit bekommen Sie einen Bericht, was inzwischen passiert ist.

Wer stundenlang ohne Pause ackert, verliert irgendwann automatisch die Konzentration und wird unproduktiv. Die kostenlose Apple-App

Timeout erinnert Sie nicht nur daran, mal eine Pause einzulegen, sie verschleiert den Bildschirm und zwingt Sie so zu Ihrem Glück.

Sie brauchen Musik, um konzentriert arbeiten zu können? Dann könnte die Streaming-App Focus@Will interessant für Sie sein. Sie können das Neuro-Music-System kostenlos testen.

Der Onlinedienst RescueTime hilft Ihnen, die eigenen Arbeitsgewohnheiten unter die Lupe zu nehmen. Das Programm zeichnet auf, wie viel Zeit Sie mit bestimmten Tätigkeiten verbringen. Zum Beispiel mit E-Mail-Schreiben oder mit Meetings. So bekommt man Hinweise auf Zeitfresser und erhält einen Überblick, wie man seinen Arbeitstag verbringt. Außerdem ist es mit RescueTime möglich, bestimmte Anwendungen oder Webseiten zu blockieren, wenn ein Zeitkontingent überschritten wird. Sie können eine kostenlose Version nutzen oder neun US-Dollar pro Monat in die Vollversion investieren.

Manic Time ist im Gegensatz zu RescueTime kein Onlinedienst, sondern eine Software für Windows und erstellt einen Bericht darüber, wie lange Sie einzelne Anwendungen und Webseiten genutzt haben. Daraus können Sie auch ablesen, wann Sie besonders produktiv gearbeitet haben und wann Sie abgelenkt waren. Es gibt eine kostenlose Version zum Reinschnuppern, die Vollversion kostet etwa 65 US-Dollar.

Productivity Owl ist eine Erweiterung des Internetbrowsers Chrome und will Ihnen helfen, sich nicht in den unendlichen Weiten des Internets zu verlieren und die Zeit zu vergessen. Das Phänomen kennt jeder: Man sucht etwas online, findet es – und bleibt dann im Internet hängen, surft hierhin, surft dorthin und vergisst die Zeit. Oft ist einem das gar nicht bewusst, weil man durch interessante Meldungen abgelenkt ist. Hier greift Productivity Owl ein: Wenn Sie zu lange auf einer Website verbringen, flattert eine Eule über den Bildschirm und schließt den Tab. Ausnahmen sind möglich – etwa die Firmenwebsite.

Es gibt inzwischen viele Apps, die uns helfen wollen, unsere Aufmerksamkeit zu fokussieren. Man kommt im Prinzip auch ohne Apps aus. Trotzdem finde ich manche Apps nicht schlecht, um sich bewusst zu machen, dass man auf etwas Bestimmtes achten möchte. Wenn man sich zum Beispiel von »Timeout« vier Wochen lang daran erinnern lässt, Pausen zu machen, kann man danach vielleicht auch ohne die App auskommen, weil man die Lektion verinnerlicht hat. Probieren Sie einfach das aus, was Sie persönlich anspricht. Und stöbern Sie gerne selbst mal online nach neuen Anwendungen. Die Programme, die ich aufgeführt habe, sind nur eine Momentaufnahme. In diesem Bereich geht es ständig voran.

Termine auf der Uhr haben. Wichtige Termine neigen dazu, besonders häufig in unserer »Gedanken-Timeline« aufzutauchen.
Sie brauchen keine Sekretärin, um diese Termine im Blick zu behalten – nur einen Kalender und ein Handy mit Weckfunktion. Tragen Sie Ihre Termine ein, und richten Sie sich auf Ihrem Smartphone einen Alarm dafür ein. Auf diese Weise muss sich Ihr Gehirn nicht ständig selbst an wichtige Dinge erinnern und kann sich auf die Arbeit konzentrieren.

Ordnung vs. kreatives Chaos. Manchmal höre ich, dass es auch Menschen gibt, die das »kreative Chaos« brauchen. Es gibt sogar eine Studie der University of Minnesota, wonach ein unordentlicher Schreibtisch kreativer macht.[13]

---

13 WIRED Magazin, Kreativ-Special, Ausgabe 2/2016, Seite 78

Persönlich kann ich das nicht nachvollziehen. Meiner Erfahrung nach bietet jedes Element im Blickfeld eine Assoziation, die wie eine Einladung für das Gehirn ist, an etwas anderes zu denken. Je weniger solcher Einladungen da sind, desto leichter fällt es, sich auf die Aufgabe zu konzentrieren.

Aber: Menschen sind verschieden. Es kann durchaus sein, dass jemand gerade inmitten eines chaotischen Büros zu geistigen Höchstleistungen inspiriert wird. Wie man in den kreativen Fluss kommt, ist egal. Hauptsache, man erreicht diesen Zustand. Probieren Sie aus, was für Sie am besten ist.

Ein extremes Beispiel hierzu: In den 80er-, 90er- und 2000er-Jahren gab es in Deutschland eine besonders renommierte Werbeagentur: Springer & Jacoby. Die Agentur betreute zum Beispiel Mercedes-Benz und war berühmt für ihre brillanten Ideen. Nach dem Willen der Gründer sollte die Kreativen nichts von ihrer Arbeit ablenken. Poster an der Wand und Fotos auf dem Schreibtisch waren verboten. Alles sollte weiß und so reduziert wie möglich sein. Das Idealbild war ein weißer Raum, ein Tisch, zwei Stühle, zwei Computer, ein Texter, ein Artdirektor und sonst nichts. Gut, zwei Gläser Wasser dazu waren auch noch okay. Es gehörte zu den verpflichtenden Ritualen, dass jeden Abend der Schreibtisch aufgeräumt werden musste. Diesem Gebot entkam niemand. Nicht einmal die Chefs.

Rituale und Routine helfen, schneller loszulegen. Nun kommen wir zur zweiten Antwort auf die Frage, wie wir die Aufschieberitis heilen können: Prägen Sie sich Rituale und Routinen ein, um schneller mit der Aufgabe beginnen zu können.

Stolpern Sie nicht in den Tag hinein, versuchen Sie, schon am Abend davor oder zu Beginn des Arbeitstags zu planen, wie Sie vorgehen wollen.

»IHRE RITUALE
HELFEN IHNEN, MIT IMMER
GLEICHEN HANDLUNGEN
OHNE UMWEGE
IN DEN ARBEITSFLUSS
EINZUSTEIGEN.«

Ein Ritual ist eine immer gleiche Schnellstraße, die Sie sicher und zuverlässig auf schnellstem Weg in den Arbeitsfluss bringt. Kein Ritual dagegen birgt die Gefahr, vom Weg abzukommen und einen Umweg zu nehmen. Zum Beispiel mit den Stationen Facebook, Nachrichtenseite, Büro des Kollegen, Raucherecke und so weiter.
Eine Möglichkeit wäre zum Beispiel, festzulegen, um 9 Uhr am Schreibtisch zu sitzen und bei einer schönen Tasse Kaffee die To-do-Liste für den heutigen Tag zu erstellen. Danach beginnen Sie die eigentliche Arbeit. Und zwar ebenfalls mit einem Ritual: Sie schreiben die Aufgabe in einem einzigen Satz auf einen Zettel oder ins Computerprogramm, mit dem Sie arbeiten. Überraschung: Und schon haben Sie angefangen! Die Aufgabe in einem einzigen Satz noch einmal zu wiederholen hilft Ihnen zudem, sich zu fokussieren. Um was geht es noch mal, ganz kurz gesagt? Ach ja, richtig. So ist das. Es ist nicht schwierig, die Aufgabe aufzuschreiben. Die Beschreibung kann gern jeden Tag, den Sie an dem Projekt sitzen, gleich sein. Es geht darum, ein einfaches Ritual zu etablieren, das sich routinemäßig immer gleich abspielt und Ihnen auf diese Weise hilft, Ablenkungen zu umgehen und ohne Umwege zur eigentlichen Aufgabe vorzudringen.

Jede Art von Routine hilft. Sie werden sehen, wie wirksam Rituale und Routinen sind. Welche Routine Sie wählen, ist eigentlich egal. Sie können alles tun. Von mir aus beginnen Sie den Tag im Büro damit, einmal zum Song »Eye of the Tiger« um den Schreibtisch herumzutanzen. Warum nicht? Das macht Spaß und muntert noch dazu auf. Oder Sie öffnen Ihr Notizbuch und sehen sich an, was Sie sich gestern auf der To-do-Liste vorgenommen und was Sie wirklich geschafft haben, bevor Sie die Liste für heute schreiben. Wichtig ist, dass es ein möglichst kurzes Ritual ist (nicht länger als fünf Minuten), bei dem am Ende der Schritt in die Arbeit erfolgt.

Tipps zur Fokussierung. Versuchen Sie, sich nicht ablenken zu lassen, sondern bleiben Sie gedanklich bei Ihrer Aufgabe. Wenn Ihnen das gelingt, stehen die Chancen gut, in einen Zustand zu rutschen, der »Flow« genannt wird. Man ist sozusagen im Fluss, hoch konzentriert, die Gedanken und Ideen sprudeln. Man spürt keinen Hunger, keinen Durst, man denkt nur noch an die Aufgabe. Der perfekte Zustand, um auf gute Ideen zu kommen.

Wenn es um das Thema Fokussierung geht, sind die Menschen sehr unterschiedlich. Der eine hat kein Problem damit, sich in einem lauten Großraumbüro auf seine Arbeit zu konzentrieren. Ein anderer dagegen braucht dazu absolute Ruhe oder eine bestimmte Art von Musik.

Mit einem Kopfhörer zu arbeiten halte ich für eine sinnvolle Idee. Zum einen gibt es Kopfhörer, die das Ohr vor Umweltgeräuschen abschirmen (»Kapselgehörschutz«), man hört also nichts mehr.
Zum anderen gibt es die verschiedensten Musiktitel oder auch Smartphone-Apps, die Naturgeräusche abspielen. Gute Erfahrungen habe ich zum Beispiel mit der App Relax Melodies gemacht. Hier kann man verschiedene Naturgeräusche miteinander mixen. Zum Beispiel fröhliches Vogelgezwitscher mit dem Geräusch eines kleinen Bachs. Oder Regentropfen mit dem Rauschen des Meers. Mithilfe dieser Klangkulisse kann man sich selbst ein Stück weit vorspielen, man würde nicht im Büro sitzen, sondern draußen in der Natur. Das wird von vielen Menschen als angenehm und entspannend empfunden.

Musik kann man nicht nur nutzen, um sich zu fokussieren. Man kann sich von ihr auch in eine Stimmung versetzen lassen, die für die Arbeit hilfreich ist. Der Manga-Zeichner Tite Kubo zum Beispiel hat jedem Charakter in seiner Welt eine Art Theme-Song zugeordnet. Sobald er den Charakter zeichnet oder ihn etwas sagen lässt, spielt er den Song ab. Er ist dann in der richtigen Stimmung, um den Charakter treffend darzustellen.

Sollte es an Ihrem Arbeitsplatz trotzdem zu laut oder zu hektisch sein, empfehle ich Ihnen, sich aktiv einen anderen Ort zu suchen. Zum Beispiel in einem schönen Café.

Viele Unternehmen – gerade im kreativen Bereich – sind zeitgemäß genug, um ihre Mitarbeiter so arbeiten zu lassen, wie sie es wollen. Es geht längst nicht mehr darum, seine Zeit stumpf im Büro abzusitzen. Die beste Umgebung ist die, in der man am erfolgreichsten arbeiten kann. Ganz gleich, ob das zu Hause vor der laufenden Waschmaschine, auf dem Balkon, im Café um die Ecke oder im Büro ist. Fragen Sie also ruhig, ob Sie nicht im Homeoffice oder sonst irgendwo arbeiten können, wenn das besser für Sie ist.

Checkliste: Aufschieberitis mit Konzentration und Ritualen kurieren.

- Etablieren Sie morgens ein Ritual, das damit endet, dass Sie die Aufgabe in einem Satz zusammenfassen und loslegen. Ein sinnvolles Ritual ist zum Beispiel, eine To-do-Liste für den Tag zu erstellen.
- Räumen Sie Ihren Computerdesktop, Ihren Schreibtisch und Ihr Büro auf (so wenige Elemente wie möglich).
- Räumen Sie jetzt auch Ihren Kopf auf, indem Sie Gedanken auf eine To-do-Liste auslagern und Termine in einen Kalender mit Weckfunktion eintragen.
- Schalten Sie Ihr Mailprogramm für eine gewisse Zeit aus.

- Stellen Sie Ihr Telefon auf lautlos.
- Hängen Sie ein Do-Not-Disturb-Schild an die Bürotür.
- Sollte Ihr Arbeitsplatz zu laut oder zu hektisch sein: Suchen Sie sich einen geeigneteren Platz, zum Beispiel in einem Café.
- Nutzen Sie soziale Medien vor und nach der Arbeit, aber nicht während der Arbeit.
- Versuchen Sie, während der Arbeit nicht mit Ihrem Partner oder Freunden zu chatten oder ständig Nachrichten auszutauschen.
- Testen Sie Apps, um sich zum Beispiel darauf hinweisen zu lassen, wenn Sie zu lange auf einer Website sind.
- Testen Sie Kapselgehörschutz-Kopfhörer, Musik und Geräusche, um sich ganz auf Ihre Arbeit fokussieren zu können.
- Lassen Sie sich nicht ablenken, und bleiben Sie gedanklich bei Ihrer Aufgabe.
- Machen Sie regelmäßig eine kurze Pause. So bleibt Ihre Leistung über den Tag konstant.

WANN SIE NOCH NICHT LOSLEGEN SOLLTEN.

Schön, wenn man mithilfe von Ritualen und Routinen nicht mehr an Aufschieberitis leidet und endlich voller Tatendrang loslegen kann. Dumm nur, wenn die Aufgabe eigentlich noch gar nicht klar ist. »Okay, das Briefing ist noch nicht ganz fertig, aber leg doch schon mal los«, heißt es dann zum Beispiel. Das ist vermutlich gut gemeint und spart auf den ersten Blick scheinbar Zeit. In Wirklichkeit aber ist genau das Gegenteil der Fall.

Wenn Sie sich auf ein halb fertiges Briefing einlassen, kann Sie das viel Zeit und Energie kosten. Denn wenn es nach einigen Tagen heißt, dass sich das Briefing noch einmal geändert hat, dann haben Sie komplett für die Tonne gearbeitet. Das ist dann wirklich ärgerlich.

Deshalb sollten Sie warten, bis das Briefing final vorliegt oder bis die Aufgabe wirklich glasklar ist. »Mal irgendwie was machen« und »Einfach mal loslegen« sind keine gute Basis für eine fundierte Lösung. Es ist vergleichbar mit einem Neubau, bei dem das Dach gebaut werden soll, noch bevor der Keller und die Grundmauern stehen. Beides kann nicht gut gehen.

Nehmen wir zum Beispiel an, ein Verlag möchte ein People-Magazin auf den Markt bringen. Nennen wir es »Star Magazin«. Zielgruppe: Frauen zwischen 40 und 60. Für diese Wochenzeitschrift sollen Sie nun ein Layout entwickeln. Das Briefing könne sich noch mal ein bisschen ändern, heißt es, aber weil der Starttermin drängt, können Sie ja schon mal anfangen. Nach einer Woche heißt es dann, dass die Zielgruppe sich noch einmal geändert hat: Jetzt sollen Frauen zwischen 16 und 26 angesprochen werden. Klar, dass sich damit auch die Tonalität komplett ändert.

Im Folgenden finden Sie einige beispielhafte Fragen, mit denen Sie abklopfen können, ob die Aufgabe klar ist.

Checkliste: Ist die Aufgabe klar?

- Wie lautet die Aufgabe in einem Satz?
- Welches Problem gilt es wirklich zu lösen?
- Was ist das Ziel?
- Was ist die Botschaft, die Sie zum Ausdruck bringen sollen?
- Macht das Sinn? Ist das empfehlenswert?
- Wie kann man eindeutig feststellen, dass Ihre Lösung erfolgreich war?
- Wer ist die Zielgruppe?
- In welchem Verhältnis steht der Auftraggeber zur Zielgruppe?
- Wie sind die Situation und die Entwicklung auf dem Markt?
- Was macht der Wettbewerb?
- Welche Tonalität ist gewünscht? Welche ist nicht gewünscht?
- Was soll die Zielgruppe denken und fühlen, wenn sie die Lösung sieht?

Kurzum: Sie müssen im Bilde sein, was gespielt wird. Blindflüge gehen meistens schief. Eine gute Nagelprobe ist, zu versuchen, die Aufgabe einem anderen per Telefon zu erklären.

Mit Lösungen ist es übrigens genauso. Wenn es sich schwierig anfühlt, eine Aufgabe oder Lösung in wenigen einfachen Sätzen zu erklären, dann stimmt etwas nicht.
Löchern Sie Ihren Auftraggeber. Bleiben Sie hartnäckig. Machen Sie Ihrem Kunden klar, dass Sie ihn nicht nerven wollen, sondern in seinem

Sinne handeln, wenn Sie noch mehr wissen wollen. Fragen Sie nach, bis Ihnen die Aufgabe in allen Einzelheiten klar ist. Denn je besser Sie die Aufgabe und die Rahmenbedingungen verstehen, desto maßgeschneiderter wird auch die Lösung ausfallen.
Nehmen Sie sich die Freiheit, Informationen zu hinterfragen. Denken Sie mit. Fragen Sie auch nach dem Sinn des Ganzen. Kunden haben oft eine Innensicht auf die Dinge und schätzen es, wenn man die Aufgabe aus einer anderen, externen Perspektive hinterfragt.

Allerdings muss ich an dieser Stelle auch zugeben, dass es genug Kunden gibt, bei denen das vergebene Liebesmühe ist. Ich sage das nicht resigniert. Manchmal sind die Dinge eben, wie sie sind. Das gehört auch zur Realität eines Kreativen.
Wer als Kreativer erfolgreich sein will, darf nicht verzweifeln, wenn er manche Dinge auf Kundenseite nicht beeinflussen kann. Das gehört nun mal dazu. Stellen Sie sich vor, Sie sitzen im Management eines Konzerns und haben in wochenlanger Arbeit das Briefing mit verschiedenen Abteilungen erarbeitet und abgestimmt. Die Produktentwicklung gibt grünes Licht, der Vertrieb stimmt zu, das Marketing gibt seinen Segen, der Controller sagt Ja, und auch die Strategieabteilung nickt zustimmend. Das Letzte, was Sie wollen, sind nun erneute Diskussionen über Sinn und Unsinn des Briefings.
Daher ist es durchaus verständlich, wenn manche Kunden ihre Briefings als gesetzt betrachten. Kämpfen Sie lieber an anderer Stelle um präzisere Informationen.

Die Zielgruppe etwa ist zentral wichtig. Mit ihr steht und fällt die Lösung. Versuchen Sie, so viel wie möglich über die Zielgruppe zu erfahren. Wir werden später noch sehen, wie wertvoll es ist, wenn man eine klare Vorstellung von der Zielgruppe hat.

Behalten Sie bei allen Rückfragen die Zeit im Blick. Es macht keinen Sinn, mit einem halb garen Briefing anzufangen. Es macht aber auch keinen Sinn, die Zeit mit ständigen Rückfragen zu vergeuden, die gar nicht essenziell sind. Lassen Sie sich nicht von der Aufschieberitis infizieren, sie lauert überall.

Im Folgenden lernen Sie einige Möglichkeiten kennen, mit denen Sie sich ein konkretes Routine-Start-Programm zusammenstellen können. Dieses Start-Programm ist wie ein Panzer. Einmal gestartet, ist es nicht mehr aufzuhalten und macht die lähmende Routine einfach platt.

Doch zunächst einmal wollen wir über die richtige innere Einstellung sprechen, die nötig ist, um zu optimalen Ergebnissen zu kommen.

DIE KUNST, EINFACH AUFZUHÖREN.

Wir haben uns damit beschäftigt, wie man anfängt. Lassen Sie uns kurz beleuchten, wie es mit dem Aufhören aussieht.

In der Zeitschrift WIRED, Ausgabe 2/2016, stieß ich auf einen Tipp, wie man noch kreativer arbeiten kann: »Tipp 1: Bleib wach! Wer schläft, stärkt sein Erinnerungsvermögen, nicht aber das kreative Denken, so eine Studie der Uni Freiburg. Bei Tests waren diejenigen, die länger wach blieben, sogar kreativer als die Schläfer.«

Mich hat dieser Tipp erstaunt. Wenn ich eines gelernt habe in all den Jahren meiner Ideensuche, dann, dass es mir nichts bringt, mir die Nächte um die Ohren zu schlagen. Es kann schon sein, dass man um 4 Uhr nachts auf eine gute Idee kommt. Aber meiner Erfahrung nach ist man dann am nächsten Tag aus dem Gleichgewicht und bringt nur wenig zustande. Das bedeutet: Die hohe Leistung in der Nacht hebt sich am nächsten Tag durch die schwache Leistung am Tag wieder auf. Es ist ein Nullsummenspiel, das unterm Strich nichts bringt.

Vielleicht ist das Ganze von Mensch zu Mensch verschieden, und Sie müssen einfach ausprobieren, ob Sie tatsächlich bessere Ergebnisse haben, wenn Sie nachts arbeiten. Meiner Erfahrung nach ist es aber sinnvoller, sich nicht auszupowern und lieber am nächsten Morgen mit frischem Kopf wieder loszulegen. Langfristig erscheint es mir auch die gesündere Variante.

Lange Zeit standen gerade Agenturen im Ruf, dass sie von ihren Mitarbeitern verlangen würden, viele Überstunden zu sammeln und sogar am Wochenende zu arbeiten – ohne zusätzliche Bezahlung.

Diese Einstellung ändert sich mehr und mehr. Das liegt nur selten daran, dass die Agenturen nun plötzlich ihre soziale Ader oder ihr gutes Herz entdeckt hätten. Vielmehr müssen Agenturen auf dem Personalmarkt mit Wettbewerbern wie Google, Apple und Facebook konkurrieren, die höhere Gehälter und bessere Bedingungen bieten können. Wer hier an alten Mustern festhält, hat das Nachsehen. Der Fachdienst »campaign« berichtete in einem Artikel über diesen Trend und schrieb darin, die Agentur Wieden+Kennedy London habe in der Branche den Spitznamen »Weekend + Kennedy«. BBH werde auch GBH (grievous bodily harm) genannt und »72andSunny« gern auch als »72andSunday« bezeichnet.[14] Zumindest Wieden+Kennedy London hat nun aber beschlossen, dafür zu sorgen, dass kein Mitarbeiter mehr als 40 Stunden in der Woche arbeitet. Meetings sollen nicht mehr vor 10 Uhr und nach 16 Uhr stattfinden. E-Mails sollen nicht mehr nach 19 Uhr geschrieben und gelesen werden, und freitags darf gern schon um 16.30 Uhr Feierabend gemacht werden. Die Initiative geht zurück auf Managing Director Helen Foulder.

---

14 Swift, James: »Wieden+Kennedy trials limits to working hours«, In: campaignlive.co.uk, 10. März 2016, http://www.campaignlive.co.uk/article/wieden-kennedy-trials-limits-working-hours/1386740#

Übrigens: Tipp 2 im WIRED Magazin hieß: »Schreib Telefonnummern ab! So hieß eine Aufgabe für Probanden an der University of Central Langshire. Das war so langweilig, dass die Tagträume zunahmen – und plötzlich gute Ideen auftauchten.«
Kurios, aber wer will ernsthaft im Büro sitzen und so lange Telefonnummern abschreiben, bis sich eine interessante Idee einstellt? Wir sehen uns im Verlauf dieses Buchs einige Techniken an, die einen anderen Weg gehen.

HEUREKA

IDEEN KOMMEN VON ALLEN SEITEN.

WIE SIE SICH VON AUSSEN UNTERSTÜTZUNG HOLEN.

WIE DIE KONKURRENZ HILFT.

Alles – nur keine Kopie! Eine Kopie sei die höchste Form der Anerkennung, lernen Chinesen schon in der Schule. Zum Glück ist diese Haltung in Europa nicht verbreitet. Hier gilt es als erstrebenswert, mit Innovationen die Grenze des Möglichen immer weiter zu verschieben. Und so lange zu tüfteln, bis das scheinbar Unmögliche möglich wird. Kreative in Europa fürchten Kopien wie der Teufel das Weihwasser. Sie wollen etwas wirklich Neues entwickeln und auf keinen Fall etwas Bestehendes wiederholen. Das ist gegen ihre Berufsehre.

Man muss allerdings nicht aufs Kopieren aus sein, wenn man sich mit den Lösungen der Konkurrenzunternehmen beschäftigt. Ich empfehle, das routinemäßig zu tun. Denn dann weiß man schon einmal, was man eben nicht vorschlagen wird. Es gehört zu den Hausaufgaben eines Kreativen, eine Konkurrenz- und Marktanalyse durchzuführen.

Wie die Konkurrenzanalyse zur Lösung führt. Das Marketing hat die Aufgabe, das Unternehmen beziehungsweise das Produkt so am Markt zu positionieren, dass es in den Augen der Zielgruppe begehrlich ist und sich gleichzeitig von der Konkurrenz abgrenzt.

Man muss dem Verbraucher vor Augen führen, wofür man steht und warum er ausgerechnet zu diesem Produkt greifen sollte und nicht zu einem anderen auf dem Markt. Dazu sucht man nach Alleinstellungsmerkmalen. Früher sprach man oft von einem »USP« (Unique Selling Proposition).

Leider werden die Unterschiede immer weniger »unique«, also einzigartig, weil sich die Produkte und Dienstleistungen weltweit immer mehr angleichen. Was der eine Autobauer kann, das kann der andere im Prinzip auch. Und falls er es nicht kann, lernt er es innerhalb von kürzester Zeit.

Für eine saubere Positionierung muss man die Positionen der Wettbewerber kennen. Man muss sie im Rahmen einer Konkurrenzanalyse herausfinden. Erst dann kann man sich überlegen, wo es eine Lücke gibt, in die man vordringen kann. Finden Sie heraus, welche Ideen die Konkurrenz ins Feld führt. Im Umkehrschluss wissen Sie dann immerhin, was Sie ausschließen können. Die Lösung ergibt sich also nicht aus dem luftleeren Raum und ist kein Zufall, im Gegenteil. Sie wird aus der Konkurrenzanalyse abgeleitet. Ein Beispiel soll dieses Prinzip konkret verdeutlichen.

Beispiel: Kleiner Keiler. Die Hardenberg-Wilthen AG gehört zu den größten Spirituosen-Herstellern Deutschlands. Mein Team bei der Werbeagentur Jung von Matt/Neckar und ich waren aufgefordert, den Kleinen Keiler unter die Lupe zu nehmen und über ein Relaunchkonzept nachzudenken. Der Kleine Keiler ist ein Fruchtlikör in den Geschmacksrichtungen Kirsche, Waldmeister und Granatapfel.

Der erste Schritt war die Frage: Was machen denn die anderen? Was macht der Kleine Feigling, der Kleine Kobold und wie sie alle heißen? Am Namenszusatz »Kleiner« merkt man schon: So verschieden sind die Produkte auf den ersten Blick nicht. Umso wichtiger ist es, die Produkte klar voneinander abzugrenzen. Wir sahen uns also alle Produkte an, die es auf dem Markt gab, und teilten sie in drei Gruppen ein.
In Gruppe 1 tummelten sich die Liköre, die verspielt-kindlich-spaßig-naiv daherkamen: der Kleine Klopfer, der Kleine Feigling, der Kleine Kobold und so weiter. Den Kleinen Keiler in diese Gruppe einzuordnen war nicht zu empfehlen, da diese Gruppe bereits überlaufen war. Das Produkt wäre im Einheitsbrei untergegangen.
Gruppe 2 nannten wir »Wald- und Wiesenanbieter«, weil sie mit Bildern aus der Natur und dem Landleben arbeiteten. Berentzen und Jägermeister waren hier zu Hause. Kleiner Keiler bisher auch – ein Fehler, denn auch diese Gruppe war austauschbar.
In Gruppe 3 ging es sexuell-anzüglich zu. Schließlich handelt es sich um eine Funspirituose, die man gerne auf Partys trinkt. Hier gab es Anbieter wie »Heisses Höschen«, »Süßer Arsch« (»inklusive String in jeder Klarsichtbox«) und ein Produkt, das tatsächlich »Ficken« hieß. Auch die Positionierung in dieser Gruppe erschien uns nicht empfehlenswert, weil sie ebenfalls überlaufen war. Der Kleine Keiler hatte in der Vergangenheit manchmal in diesem Bereich gewildert und bewegte sich somit zwischen den Gruppen 2 und 3 hin und her. So sah keine klare, einzigartige Positionierung aus.

Wo ist die Lücke? Wir überlegten uns: Der Vorteil von Funspirituosen ist Fun. Das Gegenteil von Fun ist Langeweile, Konformismus und Political Correctness. Unsere Idee: Der Kleine Keiler keilt dagegen. Provokant, bissig, saufrech, jung, scharf. Er bringt Partyspaß durch Provokation.

Um diese Positionierung einfach auf den Punkt zu bringen, entwickelten wir den Claim »Ganz schön frech, die Sau«. Die Umsetzung sah so aus, dass das Logo – ein Keilerkopf – freche Sprüche klopfte, die in einer Sprechblase zu sehen waren. »Für alle, die nicht bis 10 zählen können: der 9er-Pack« keilte er zum Beispiel auf der Verpackung. Auf einem Party-Poster forderte er: »Mach' Party, du Sau! Rumhängen dürfen hier nur Poster«. Eben: ganz schön frech, die Sau. Zusätzlich druckten wir auf die Rückseite der Flaschenetikette Anleitungen für wilde Partyspiele.

Kurzum: Die Positionierung als freches Partygetränk war einzigartig am Markt, passte zu den Bedürfnissen der Zielgruppe und erwies sich als großer Spaß. Die Idee dazu kam nicht von irgendwo, sondern ergab sich aus den Positionen der Konkurrenz am Markt. Die Lücke, die wir für den Kleinen Keiler fanden, gab die Richtung vor. Wir mussten ihr nur folgen.

Der Plagiats-Check. Hundertprozentig wird man Dopplungen nicht ausschließen können. Eine absolute Sicherheit dafür, dass die Idee einzigartig und neu ist, gibt es nicht. Trotz weltweiter Suchmaschinen wie Google oder Onlinearchiven kann man nie vermeiden, dass zum Beispiel ein Logo schon einmal 1979 in Sydney zum Einsatz gekommen ist. Oder dass ein ganz ähnliches Werbekonzept bereits 1989 in Südkorea erfolgreich war.

Immer verhindern kann man diese Übereinstimmungen nicht. Das liegt daran, dass sich Produkte und Dienstleistungen weltweit immer mehr angleichen. Auch in Peking gibt es Versicherungen, die Logos brauchen. Auch in Omsk werden Entwürfe für Rathäuser angefertigt und Apps programmiert. Zufällige Übereinstimmungen kann man nicht ausschließen.

Umso wichtiger ist es, sich im Vorfeld schlauzumachen, was die unmittelbare Konkurrenz auf dem Markt macht. Denn je näher die Doublette am Markt ist, desto peinlicher ist sie. Eine Doublette in der Mongolei wird für ein Unternehmen auf dem deutschen Markt kein großes Problem darstellen. Wenn man aber mit einem Logo auf den Markt kommt, das ein Konkurrent seit zehn Jahren ganz ähnlich einsetzt, dann ist das ein Fiasko. Also: Lieber vorher schauen, als hinterher ärgern.

Die Suche nach der Benchmark. Es gilt, über den Tellerrand zu schauen und die Benchmark zu finden. Mit Benchmark meine ich die beste, die wegweisendste Idee auf dem Markt, zu der alle bewundernd aufblicken.
Wenn Sie zum Beispiel ein Konzept für einen Telekommunikationsanbieter in Österreich entwickeln sollen, dann macht es Sinn, sich neben Österreich auch den Markt in Deutschland und der Schweiz anzusehen. Noch besser: Beobachten Sie, wie es in Europa und den USA aussieht. Vielleicht können Sie daraus bestimmte Schlussfolgerungen ziehen oder sich inspirieren lassen.
»Inspirieren lassen« soll keine geschönte Umschreibung sein für »klauen«. Ich meine damit, dass etwas Neues auch dadurch entstehen kann, wenn Sie zwei bestehende Lösungen innovativ kombinieren. Selbst dann, wenn Sie bei der Recherche zu keiner neuen Lösung inspiriert werden, lohnt sich die Arbeit. Schließlich gibt es kaum etwas Motivierenderes, als sich anzusehen, was andere für exzellente Ideen hatten. »Ich wünschte, ich hätte diese Idee gehabt«, denkt man sich da oft. Das setzt Energie frei, sich mit Feuereifer ans Werk zu machen. Die Benchmark ist wie eine Türe, die zeigt, wohin man kommen kann.
Die Benchmark muss nicht unbedingt aus der gleichen Kategorie kommen, in der die Aufgabe angesiedelt ist. Aber sie muss im Prinzip vergleichbar sein.

Beispiel: Muss Putzmittelwerbung immer nervig sein? Jung von Matt/Neckar wurde einmal von einem Putzmittelhersteller zu einer Wettbewerbspräsentation eingeladen. Mein Team und ich sollten die Aufgabe übernehmen. Innerlich schlug ich die Hände über dem Kopf zusammen. Putzmittel, Himmel, wie soll man denn bitte schön unterhaltsame, interessante Werbung für Putzmittel machen?
Die Wende brachte eine Recherche nach der Benchmark in diesem Bereich. Wir stießen auf einen Werbespot, der beim internationalen Cannes Lions Festival ausgezeichnet worden war – das sind die Oscars der Werbebranche, die höchste Ehre.

Der Film mit der Putzmittelwerbung von »Vim Cream« geht so: Ein kleines Mädchen sieht mit großen Augen seine Mutter hinter einer Glasscheibe. Die Mutter trägt einen orange Overall, wie man ihn aus amerikanischen Gefängnissen kennt. Das Mädchen legt eine Hand an die Scheibe, die Mutter legt ihre Hand von der anderen Seite an die gleiche Stelle. Beide sehen sich ergriffen an, dazu hört man traurige Musik. »Wann wirst du hier rauskommen?«, fragt das kleine Mädchen. »Das wird schon noch eine Weile dauern«, antwortet die Mutter. »Ich muss jetzt zurück«, sagt die Mutter und wendet sich zum Gehen. Die Kamera springt zurück, und der Zuschauer sieht, dass die Mutter sich nicht etwa in einem Gefängnis befindet, sondern in einem Badezimmer. Das Glas zwischen Mutter und Tochter ist eine Dusche. Die Mutter sprüht mit einem Putzmittel hektisch die Badewanne ein und macht sich wieder angestrengt an die Arbeit. »Ich liebe dich, Mama!«, bricht es hochdramatisch aus dem kleinen Mädchen heraus. »Ich liebe dich auch, Liebling!«, schluchzt die Mutter. Ein Text wird eingeblendet: »Verbringen Sie weniger Zeit mit dem Putzen.« Das Putzmittel »Vim Cream« wird gezeigt. Daneben steht der Text: »Reinigt den hartnäckigen Schmutz. Ganz leicht.«

Ich war begeistert. Eine überraschende Geschichte, die auf unterhaltsame Weise einen Punkt für das Produkt macht. Die Benchmark war gefunden. Das führte dazu, dass ich mich nun voller Hoffnung und motiviert an die Aufgabe setzte.

Inzwischen weiß ich übrigens, dass man für jedes Produkt eine tolle Lösung finden kann. Ganz gleich, ob es um Klorollen, Putzmittel oder Vogelfutter geht.

WIE UNBETEILIGTE HELFEN.

In Filmen kommt es manchmal vor, dass jemand etwas sagt und ein anderer plötzlich aufspringt und meint: »Ja, genau! Das ist es! Du bist genial! So machen wir's.« Was ist passiert? Jemand ist durch das Gesagte auf eine Idee gekommen.
Wie funktioniert das? Unser Unterbewusstsein grübelt ständig über das Problem nach – auch wenn wir gerade etwas ganz anderes machen und nichts davon bemerken. Während wir zum Beispiel zu Mittag essen, ist unser Unterbewusstsein weiter fleißig und denkt über das Problem nach. Unsere Sinne füttern es dabei ständig mit neuen Reizen und Impulsen. Sie bieten permanent Material an, das unser Unterbewusstsein in die Problemlösung einbezieht. Es scannt die Informationen, die über unsere Sinne im Kopf landen.

Klar, Augen und Ohren liefern in diesem Zusammenhang die wertvollsten Informationen. Das Tolle ist: Manche Informationen landen im Langzeitgedächtnis und können von hier aus abgerufen werden. Sogar Jahre später ist es möglich, sich auf der Suche nach einer Lösung an etwas zu erinnern, das jetzt passt.

»WER MIT OFFENEN
AUGEN UND OHREN
DURCH DIE WELT GEHT
UND AUF SCHEINBAR
NEBENSÄCHLICHES UND
DETAILS ACHTET,
HÄUFT SPIELMASSE AN,
MIT DER SEIN GEHIRN
AUF IDEEN KOMMT.«

Beispiel: das meistgebrauchte Ersatzteil. Hier ein Beispiel für eine Idee, die von einem Unbeteiligten ausgelöst wurde.
Ein Werber erhielt von einem Autohersteller eine Aufgabe. Gelöst hat er sie am Ende mithilfe eines unbeteiligten Kfz-Mechanikers. Allerdings nur, weil sich der Werber an einen Spruch von ihm erinnern konnte.
Der Creative Director Hans-Jürgen Lewandowski erzählt in der Zeitschrift »persönlich« (Ausgabe April 2000) die Geschichte, wie es zur berühmten Anzeigenschlagzeile »Unser meistgebrauchtes Ersatzteil« kam, bei der ein Mercedes-Benz-Stern zu sehen war:
»Mein allererstes Auto war ein feuerroter 1600er-VW-Variant, den mir mein Vater nach einer stolzen Laufleistung von 350 000 km überließ. Das war 1972. Danach kaufte ich mir meinen ersten Mercedes. Eine wunderschöne alte Heckflosse, elfenbeinfarben mit braunem Dach und dem weltberühmten Markenzeichen auf der Haube. Das allerdings wurde mir schon zwei Tage später geklaut. Und weil ich es einfach nicht ertragen konnte, ohne Stern durch die Gegend zu fahren, machte ich mich auf zur nächsten Mercedes-Werkstatt. Dort bekam ich für 11,85 DM einen neuen Stern und einen Spruch vom Werkstattmeister: ›Übrigens, das ist eines unserer meistgebrauchten Ersatzteile.‹ Das war 1973. Dieser Spruch ist mir sehr viel später wieder eingefallen. Das war 1989.«

Was kann man daraus lernen?
Zum einen kann man mitnehmen, dass Ideen von überall und von jedem kommen können. Man muss sie also nicht zwingend selbst haben. Zum anderen muss man sie erkennen, wenn sie einem angeboten werden. Das ist die Kunst und die große Schwierigkeit. Sie müssen also erstens wissen, dass Ideen überall sind, zweitens offen für sie sein und drittens immer ein bisschen darauf lauern.

Wenn Sie dagegen der Überzeugung sind, dass Sie die Ideen immer selbst haben müssen und dass es von außen keine Hilfe geben kann, dann werden Sie auch nicht auf diese Juwelen stoßen. Selbst dann nicht, wenn man Sie mit der Nase darauf stößt.

Es hängt von der inneren Einstellung ab, worauf unser Gehirn reagiert. Wer nicht an Ideen von außen glaubt, wird auch keine wahrnehmen und sich dadurch bestätigt fühlen.
Wer allerdings daran glaubt, wird diese Ideen auch bemerken und sich ebenfalls bestätigt fühlen.
Jeder von beiden hat auf seine Weise recht. Man bekommt das, woran man glaubt. Deshalb macht es auch hier Sinn, die positive Variante zu wählen.

Fachfremde bringen neue Perspektiven ein. Da Ideen von jedem kommen können, können Sie auch Fachfremde ansprechen.
Ein Taxifahrer hat eine ganz andere Perspektive auf eine Fitness-App als ein Fitnesstrainer. Ein Fitnesstrainer denkt ganz anders über ein Logo als ein Designer. Und ein Designer sieht das Konzept einer neuen Fernsehserie mit anderen Augen als ein Programmdirektor. Unterschiedliche Perspektiven führen dazu, dass man Aspekte wahrnimmt, die einem selbst wahrscheinlich verborgen geblieben wären. Man denkt leichter quer.
Personen von außerhalb bereichern die Ideenfindung und inspirieren zu außergewöhnlichen Lösungen. Es ist ein Irrglaube, zu denken, man müsse vom Fach sein, um mitreden und mitdenken zu können.
Ein Grundsatz, mit dem wir uns später noch beschäftigen werden, lautet: Neues entsteht leichter durch Neues. Der Mensch ist ein Gewohnheitstier und neigt dazu, sich in immer gleichen Bahnen zu bewegen – auch gedanklich.

Man kommt leichter auf neue Ideen, wenn man sich neuen Impulsen aussetzt. Zum Beispiel durch das Gespräch und den Austausch mit Personen, die unmittelbar nichts mit der Aufgabe zu tun haben.

WIE DER ZUFALL HILFT.

Jetzt kommt eine bittere Pille für Kontrollfreaks: Ja, auch der Zufall kann einem zu einer guten Idee oder zu einer Erfindung verhelfen. Man muss ihn allerdings zulassen können und darf sich nicht mit Händen und Füßen gegen ihn wehren. Zwei Beispiele sollen das illustrieren.

Beispiel: der Sprecher, der den Namen nicht sagen konnte. Ein Jung-von-Matt-Texter kam ins Tonstudio, um einen Radiospot für den Autovermieter Sixt aufzunehmen. Dabei muss man wissen: Der Sprecher und das Tonstudio kosten jede Minute Geld. Oft hat der Sprecher nur eine Stunde Zeit, und der Sendetermin steht unmittelbar bevor. Der Spielraum ist also eng. Während der Aufnahme stellte sich heraus: Um Himmels willen, der Sprecher konnte den Namen »Sixt« einfach nicht richtig aussprechen. Bei einem Radiospot jedoch ist es zentral wichtig, dass der Absender klar und deutlich zu hören ist. Wie soll man sonst wissen, wer hier wirbt? Der Spot drohte zum Fiasko zu werden. Die Lösung: ein neuer Spot. Der Sprecher sagte einige Sekunden lang nur den Namen »Sixt«. Das klang dann ungefähr so: »Sichs ... Sichx ... Siiiiiiiix ... Six ... Siechst ...« Eine zweite Stimme erklärte, Sixt habe zwar keine guten Sprecher, aber dafür sehr gute Preise. Eine wunderbare, außergewöhnliche Idee, die ohne den Zufall so niemals entstanden wäre. Ich habe den Spot vor 15 Jahren gehört und ihn immer noch einigermaßen im Ohr. Nicht wortwörtlich, aber so eine Geschichte vergisst man nicht.

Beispiel: Wie der Zufall half, Penicillin zu erfinden. Kein Zweifel: Die Erfindung des Penicillins ist ein Segen für die Menschheit. Umso erstaunlicher, dass sie auf einem Zufall beruht.

Eines Morgens im Jahr 1928 entdeckte der schottische Bakteriologe Sir Alexander Fleming, dass in seinem Labor am Londoner St. Mary's Hospital etwas schiefgelaufen war. Er hatte eine Platte mit einer Bakterienkultur vergessen und war in die Sommerferien gefahren. Als er nun zurückkam, sah er, dass auf dem Nährboden der Platte ein Schimmelpilz gewachsen war. Der Wissenschaftler wollte die Platte schon wegwerfen, da bemerkte er, dass überall dort, wo sich der Pilz ausgebreitet hatte, keine Bakterien mehr angesiedelt waren. Das Stoffwechselprodukt des Schimmelpilzes, das Sir Fleming »Penicillin« nannte, tötete also Bakterien ab.

Er scheiterte daran, dieses Stoffwechselprodukt zu isolieren, veröffentlichte seine Erkenntnisse aber in einer Fachzeitschrift. Erst 1939 gelang es Ernst Boris Chain und Walter Florey, den Wirkstoff zu extrahieren, zu reinigen und an Tieren zu testen. Aufgrund des Zweiten Weltkriegs interessierten sich die amerikanischen Streitkräfte für das Mittel. 1944 begann die großtechnische Produktion für Soldaten. 1945 konnten es auch Zivilisten auf Rezept in US-Drugstores kaufen. Begonnen hatte alles mit einer Bakterienplatte, die ein Wissenschaftler vergessen hatte, vor seinem Urlaub aufzuräumen.

Beispiel: Wie der Zufall Archimedes half. Archimedes von Syrakus war ein griechischer Mathematiker, Physiker und Ingenieur, der etwa um 250 vor Christus lebte. Berühmt geworden ist der Erfinder durch seinen Ausruf: »Heureka, heuraka!« – »Ich hab's gefunden!«

Die Anekdote geht so: Archimedes sollte herausfinden, ob die Krone König Hierons aus purem Gold bestand oder nicht. Bei seiner Untersuchung durfte Archimedes die Krone nicht zerstören. Er überlegte

»LIEBER MITEINANDER ALS GEGENEINANDER ARBEITEN. AUF LANGE SICHT IST ES BESSER, SEINE IDEEN ZU TEILEN, DAMIT MAN SIE GEMEINSAM WEITERENTWICKELN KANN. INNOVATION UND KOOPERATION GEHÖREN ZUSAMMEN!«

hin und her. Schließlich nahm er ein heißes Bad. Als er in der Wanne lag, bemerkte er, wie sein eingetauchter Körper Wasser verdrängte. Nun soll Archimedes angeblich vor Freude aus der Wanne gesprungen, nackt herumgelaufen und gejubelt haben: »Heuraka, heureka!« – »Ich hab's gefunden!«
Der Mathematiker erkannte, dass er anhand der Menge des verdrängten Wassers die Dichte eines Körpers indirekt bestimmen konnte. Also maß er das Wasservolumen, das die Krone König Hierons verdrängte, und verglich es mit dem Wasservolumen, das ein Stück reines Gold mit dem gleichen Gewicht der Krone verdrängte. Auf diese Weise fand er heraus, dass das Stück Gold weniger Wasser verdrängte als die Krone. Ergo: Die Krone konnte nicht aus purem Gold angefertigt sein.

WIE KOLLEGEN HELFEN.

Als ich einmal bei einem Münchner Autobauer zu Besuch war, fiel mir ein Poster auf: »Work hard and be nice to people« stand da. Ein schönes, zeitgemäßes Credo. Wenn man das Glück hat, in einem Umfeld arbeiten zu können, in dem Kollegen nicht gegen-, sondern miteinander arbeiten, ist das eine Chance für viele gemeinsame Ideen. Gegeneinander zu arbeiten ist rückständiges Denken, Teamwork ist angesagt!

Meiner Erfahrung nach fährt man auf lange Sicht besser, wenn man andere Kollegen großzügig einbezieht und keine Zäune um seine Idee herum errichtet nach dem Motto »Finger weg, das ist meine Idee«. Die Vorteile von Teamwork liegen auf der Hand.

Zum einen ist es inspirierend, Gedanken von anderen zu hören.

Zum anderen kann man bestehende Ideen im Team besser weiterentwickeln.

Das liegt daran, dass man dazu neigt, eine Idee als abgeschlossen und fertig zu betrachten. Man ist ja heilfroh, dass man sie hatte! Jemand, der die Idee nicht hatte, ist viel eher dazu bereit, sie weiterzuentwickeln. Am Ende profitieren alle davon. Derjenige, der die Idee hatte. Und derjenige, der sie weiterentwickelt hat.
Hier ein Beispiel, das zeigt, wie Kollegen frischen Schwung in Ihre Ideenwerkstatt bringen können.

Beispiel: der Mann mit der Gitarre. Bei der Londoner Agentur Wieden+Kennedy rauchten die Köpfe. Es ging darum, für den Kunden Honda eine neue Werbekampagne zu entwickeln. Der Texter schmorte schon seit einer Woche im eigenen Saft, die geniale Idee war aber noch nicht in Sicht. Die Stimmung war schlecht. Da kam Michael Russoff mit seiner Gitarre in das Büro des geplagten Kollegen, um ihn ein bisschen aufzuheitern. Er pfiff und spielte auf seiner Gitarre eine aufmunternde Melodie. Die Idee zur Kampagne »Grrr« war geboren. In der Kampagne geht es darum, etwas, das man hasst, in etwas Schönes zu verwandeln: zum Beispiel Dieselmotoren, die dank Honda nun sauber durch die Gegend flitzen. Dreh- und Angelpunkt dabei ist ein Song. »Here's a little song for anyone who's ever hated«, heißt es am Anfang des TV-Spots.
Die Kampagne, die neben dem Spot auch viele andere Medien umfasste, wurde schließlich zu einer der populärsten Autokampagnen aller Zeiten.

Wir werden später bei den Kreativtechniken noch auf den Punkt »Teamwork« zu sprechen kommen.

Beispiel: Wie das Post-it erfunden wurde. Der Post-it-Haftzettel von 3M ist nicht über Nacht entstanden. Ein Wissenschaftler bei 3M erfand einen schwachen Klebstoff, der nicht trocknet. Der Mann hatte keine Ahnung, was man mit dieser Erfindung anstellen könnte, erzählte aber über Jahre hinweg seinen Kollegen immer wieder davon. Eines Tages hatte ein Kollege eine Verwendung dafür. Er ist Sänger im Kirchenchor und hat oft das Problem, dass die Zettel, mit denen er die Lieder markiert, aus dem Gesangbuch fallen. Die Idee vom Post-it war geboren.

Anekdote: Der WC-Bereich bei Pixar. Hier noch eine Anekdote zum Thema Teamwork und Austausch: Sie kennen Pixar, das Animations-Studio in Kalifornien, das durch die Computeranimationen in Filmen wie »Toy Story« oder »Findet Nemo« berühmt geworden ist. 1986 wurde das Studio von Steve Jobs gekauft, kurz nachdem er Apple verlassen hatte. Jobs arbeitete am Entwurf des neuen Zentralgebäudes von Pixar mit. Er wollte, dass es für das gesamte Gebäude nur einen einzigen WC-Bereich gab.

Sein Gedanke dahinter war: Hier würden sich die Mitarbeiter aus allen Abteilungen treffen, und so würden mehr Bewegung, Austausch und Inspiration ins Unternehmen kommen.

Allerdings konnte sich der Apple-Mitgründer nicht mit seiner Idee durchsetzen. Und so gibt es bei Pixar nun nicht nur ein WC, sondern viele.

WIE DAS BRIEFING HILFT.

In jeder Aufgabenstellung steckt auch schon die Lösung. Jedes gute Briefing gibt schon eine Richtung vor.

Damit meine ich, dass die Idee, die man entwickeln soll, bestimmte Vorgaben erfüllen muss, die im Briefing abgesteckt werden. Wenn man sich das Briefing genau ansieht, führt es einen in eine bestimmte Richtung. Wer dieser Richtung folgt, macht sich das Leben leichter.

Das Briefing definiert die Lösung. In ein Bild übersetzt, könnte man sagen: Briefing und Lösung sind wie zwei Puzzleteile. Beide Teile müssen perfekt zusammenpassen. Das Briefing ist zuerst da. Genau wie ein Puzzleteil macht es präzise Vorgaben, die das zweite Puzzleteil erfüllen muss. Nur dann, wenn alle Vorgaben erfüllt sind, passen die beiden Elemente zusammen. Stimmt dagegen das zweite Puzzleteil in einem Punkt nicht mit den gewünschten Eigenschaften überein, ist es nicht die ideale Lösung.
Dieses Bild macht klar, dass wir uns nahe am Briefing orientieren sollten, um auf die passende Lösung zu kommen. Das ist eine echte Hilfe für die Entwicklung.

Schwierig ist es, wenn man gar keine Vorgaben hat. Denn dann kann man alles und nichts tun. Man hängt in der Luft. Besser ist es, man hat konkrete Anhaltspunkte und einen klar gesteckten Rahmen, in dem man sich bewegen kann.
Wie bereits erwähnt, sollten Sie nicht blind darauf vertrauen, dass die Verfasser des Briefings schon wissen, was sie tun. Mitdenken ist gut und wichtig. Geben Sie notfalls das Briefing zurück, und erläutern Sie Ihre Bedenken, so wie Sie es im Abschnitt »Wann Sie noch nicht loslegen sollten« erfahren haben. Es ist besser, einen Konflikt in Kauf zu nehmen, als mit einem schlechten Briefing zu arbeiten.

Original-Briefings vs. verdichtete Briefings. Briefings gehen ihren eigenen Weg. Wenn sie aus großen Unternehmen kommen, sind sie meistens umfangreich und detailliert. Denn solche Auftraggeber wissen, wie wichtig präzise Vorgaben und Rahmenbedingungen sind. Manchmal haben sie eigene Strategieabteilungen, die diese Briefings erarbeiten.

Gerade Agenturen neigen dazu, diese umfangreichen Briefings auf eine oder zwei Seiten zu verdichten, damit ihre Kreativen leichter damit arbeiten können. Auch geht es ihnen manchmal darum, den Kreativen schon eine Richtung an die Hand zu geben, in die sie arbeiten sollen. Dagegen ist im Prinzip nichts einzuwenden. Leider bleiben in diesem Prozess wertvolle Zwischentöne auf der Strecke. Wenn man ein 20-Seiten-Dokument auf zwei Seiten kürzt, muss man sich zwingend von Dingen trennen. Deshalb empfehle ich Kreativen, sich zusätzlich zum Kurzbriefing immer mit dem umfangreichen Original-Briefing zu beschäftigen und sich seine eigenen Gedanken zu machen.
Man mag dagegenhalten, dass es Zeit kostet, sich die Originalunterlagen anzusehen. Das stimmt. Aber wenn man das Briefing falsch versteht, weil es zu sehr verdichtet wurde, dann ist die ganze Arbeit für die Tonne. Sich das lange Dokument durchzulesen erscheint mir da als das kleinere Übel. Eine Themaverfehlung ist nicht nur in der Schule ärgerlich. Je intensiver Sie sich mit der Aufgabenstellung beschäftigen, desto geringer ist das Risiko, in die falsche Richtung zu arbeiten.

Mit dem Briefing arbeiten. Ich empfehle, von Anfang an mit dem ausführlichen Briefing zu arbeiten. Wichtige Dinge sollte man sich unterstreichen oder farbig markieren, damit man sich nicht ein zweites Mal im Detail durch das Dokument bewegen muss. So ist übrigens auch dieses Buch gestaltet.
Anforderungen, die die Lösung erfüllen muss, sollte man sich ankreuzen. Man kann sie sich auch auf ein eigenes Blatt zusammenfassen,

dann hat man einen kompakten Überblick, welche Vorgaben an die Lösung gestellt werden. Dass Vorgaben im Ideenfindungsprozess weiterhelfen, wusste schon T. S. Eliot: »Muss man innerhalb eng gesteckter Rahmenbedingungen arbeiten, wird die Vorstellungskraft aufs Äußerste gefordert – was zu den großartigsten Ideen führt. Hat man hingegen die totale Freiheit, weiß man oft nicht, wo Anfang und Ende sind.«

Wenn man das ausführliche Briefing durchgearbeitet hat, kann man das Kurzbriefing erst richtig beurteilen. Trifft es den entscheidenden Punkt? Oder lässt es wesentliche Dinge weg?
Beschäftigen Sie sich mit den beiden Dokumenten, und diskutieren Sie, worauf es wirklich ankommt. Einigen Sie sich auf eine Richtung, und halten Sie sie schriftlich fest.
Vor mündlichen Briefings oder mündlichen Überarbeitungen von Briefings sollten Sie sich hüten. Hier ist Ärger vorprogrammiert. »Aber das haben wir doch besprochen«, heißt es dann. Richtig – nur dass am Ende beide etwas Unterschiedliches verstanden haben. Briefings müssen immer schriftlich und mit allen Entscheidern abgestimmt sein.

Ergänzungen müssen ebenfalls schriftlich erfolgen. Selbst wenn es nur um einen einzigen Satz geht: Er muss aufgeschrieben sein. Was nicht schriftlich existiert, das ist Interpretationssache und von Gedächtnis zu Gedächtnis verschieden.

Letzter Tipp: Das Briefing ist Ihr Kompass. Es stellt sicher, dass Sie in die richtige Richtung arbeiten. Daher ist es wichtig, jeden Tag mindestens einmal auf das Briefing zu schauen. Wenn Sie im Dschungel unterwegs sind, sagen Sie ja auch nicht: Ach, auf den Kompass habe ich doch erst gestern geschaut, den brauche ich heute nicht.

Checkliste: Wie Sie mit einem Briefing arbeiten sollten.

- Lassen Sie sich das Original-Briefing des Kunden geben.
- Markieren Sie Wichtiges, streichen Sie alle Anforderungen an die Lösung an.
- Fassen Sie die Anforderungen an die Lösung separat stichpunktartig zusammen. Ein Briefing ist wie ein Puzzlestück: Es definiert, wie die Lösung aussehen muss, das zweite Puzzlestück.
- Falls vorhanden: Arbeiten Sie das verdichtete Briefung durch, und diskutieren Sie, worauf es wirklich ankommt.
- Akzeptieren Sie nur schriftliche Briefings oder Ergänzungen, die mit allen Entscheidern abgestimmt sind.
- Seien Sie kritisch, hinterfragen Sie den Sinn des Briefings.
- In welche Richtung geht die Lösung, wenn Sie sich die Anforderungen des Briefings ansehen?
- Sehen Sie sich das Briefing jeden Tag an, es ist Ihr Kompass durch den Dschungel der Möglichkeiten.

Beispiel: Every like a Live-Show. Die Agentur COR4 in Bratislava hatte sich die Aufgabe gestellt, ihre neu gestaltete Website zu promoten. Konkret ging es ihnen darum, dass Besucher ihre Seite liken sollten. Das Briefing lautete also: Bring die Besucher der Website dazu, auf »Like« zu klicken, damit ihre Facebook-Freunde das sehen und auf die Seite aufmerksam werden. Und: Sorge dafür, dass möglichst viele Menschen die Website besuchen.

Die Lösung: Sobald jemand auf »Like« klickte, brach im Büro ein lauter Alarm los. Über eine Live-Cam konnte man mitansehen, wie ein Mitarbeiter herbeieilte, in die Kamera winkte, sich für das »Like« bedankte und den Alarm ausschaltete. Ein unterhaltsamer Spaß, der sich in über 160 Ländern herumsprach.

Praxisschock: Briefings, die sprachlos machen. Leute, die Briefings schreiben, sind auch nur Menschen. Und Menschen sind nicht immer rational oder treffen nachvollziehbare Entscheidungen. Man könnte ein eigenes Buch über seltsame Briefings verfassen. Besonders interessant fand ich das Briefing, das Werbelegende John Hegarty in seinem Buch »Hegarty on Advertising: Turning Intelligence into Magic« beschreibt:[15]

Levi Strauss hatte in den 80er-Jahren das Gefühl, den Kontakt zu ihrer Zielgruppe verloren zu haben. Jeans, so schien es, seien ein Auslaufmodell. Auf der Suche nach der rettenden Strategie schrieb das Unternehmen seinen Werbeetat aus und ließ Agenturen gegeneinander antreten, darunter die Agentur BBH von John Hegarty. Das Briefing lautete: »Do something we won't like.«

Hegarty schreibt rückblickend dazu: »It would be like us pitching our strategy to them as: ›Now here's something you'll really hate. And, I mean, really hate.‹ To which they reply, ›Oh great then, we'll buy it.‹«

Wie ist die Agentur damit umgegangen? Gar nicht. Sie hat diese Vorgabe nicht wörtlich genommen, sondern versucht zu verstehen, was im Kunden vorgeht, was dahintersteckt. Levi Strauss hatte massive Probleme und war verunsichert. Was sie brauchten, war eine überzeugende Lösung. Wie diese Lösung aussah, sehen wir später noch bei einem Beispiel.

---

15 Hegarty, John: »Hegarty on Advertising: Turning Intelligence into Magic«, erschienen bei Thames & Hudson, Seite 167, ISBN 978-0-500-51556-3

WIE DER KUNDE HILFT.

Wenn der Kunde, für den man sich eine Idee ausdenken soll, ein Unternehmen ist, dann ist das vergleichbar mit einem Schatzkästchen. In diesem Kästchen kann eine Menge stecken, was einem bei der Ideenfindung weiterhelfen kann. Ich bezeichne diese Dinge zusammenfassend als DNA der Marke. Mit DNA sind die Elemente gemeint, die das Unternehmen definieren. Also zum Beispiel der Name der Marke, die Corporate Identity (das Design) mit dem Logo, die Geschichte des Unternehmens, das Wesen des Produkts und die Philosophie der Marke.

Aus jedem einzelnen dieser Elemente kann man Ideen ableiten. Das ist deshalb so reizvoll, weil man auf diese Weise zu Lösungen kommt, die einzigartig für das Unternehmen sind. Lösungen gibt es viele – einzigartige Lösungen nicht.
Es ist so, als wären diese Ideen für den Kunden maßgeschneidert worden. Ein gut geschneiderter Anzug passt auch nur einer bestimmten Person – und keiner anderen. Mit Lösungen, die aus der DNA der Marke kommen, ist es genauso. Sie passen keiner anderen Marke.

Checkliste: Ansatzpunkte, um Ideen aus der DNA der Marke abzuleiten:

- der Name der Marke
- das Design der Marke
- die Philosophie des Unternehmens
- die Historie des Unternehmens
- der Gründungsmythos des Unternehmens
- das charakteristische Wesen/das Prinzip des Produkts

»DER KUNDE MÖCHTE NICHT EINE LÖSUNG, ER MÖCHTE SEINE LÖSUNG. DABEI HILFT DEM KREATIVEN, DIE IDEE AUS EINEM ELEMENT HERAUS ZU ENTWICKELN, DAS ZUR MARKE GEHÖRT.«

Warum einzigartige Lösungen? Warum ist es eigentlich so wichtig, einzigartige Lösungen zu entwickeln?
Stellen Sie sich eine Frau vor, die auf eine Party geht. Sie hat sich schön zurechtgemacht und sich extra von einem Styling-Experten beraten lassen, was sie anziehen soll. Als sie auf der Party ist, bekommt sie einen Schrecken: Eine andere Frau trägt das gleiche Kleid! O nein! Und das trotz Styling-Experten. Ein Horror. Sie kommt sich nicht mehr einzigartig und schön vor, sondern durchschnittlich und langweilig.

Eine andere Begründung ist, dass sich die Leistung von Marken immer mehr angleicht und Sie daher für den Konsumenten noch klarer herausarbeiten müssen, warum er gerade diese und keine andere Marke auswählen soll. Daher ist es für Unternehmen überlebenswichtig, sich von der Konkurrenz abzugrenzen und als einzigartig zu präsentieren.

Wenn es um Kommunikation geht, möchte ich noch einen Punkt ergänzen: Bei manchem Werbespot denkt man sich: tolle Geschichte. Aber man weiß schon kurz darauf nicht mehr, wer sie eigentlich erzählt hat. Die Geschichte ist dann oft nicht für eine Marke maßgeschneidert. Eine andere Marke hätte die Geschichte ebenso gut erzählen können. Es ist also ein Vorteil, wenn man Ideen entwickelt, die untrennbar mit der Marke verbunden sind. Denn Geschichten, die Sie für jede Marke erzählen können, wirken beliebig und austauschbar.

Beispiel: der Autan-Funkspot (Name). Vor vielen Jahren habe ich einen Funkspot für Autan gehört, der sich aus dem Namen ableitet und auf diese Weise einzigartig für Autan ist. Der Spot ist schnell erzählt: Jemand ruft laut und schmerzhaft: »Au!« Eine zweite Stimme ergänzt den Markennamen: »Tan.« Vom Problem zur Lösung in einer Sekunde – und das auch noch unverwechselbar für die Marke.

Eine tolle Idee! Die Einbindung des Namens ist auch deshalb so wertvoll, weil die schönste Geschichte in der Werbung nichts bringt, wenn man sich nicht merken kann, wer der Absender ist. Wenn man wie in diesem Beispiel Idee und Namen in einem hat, dann ist das ein kaum zu übertreffender Idealzustand.

Beispiel: Heineken-Bestellung (Name). Auch in diesem Beispiel ist der Name der Dreh- und Angelpunkt für die Idee. Auf einem Werbeplakat steht handschriftlich der Name »Heineken«. Gut, jetzt weiß man zumindest schon mal, wer der Absender des Plakats ist. Was noch fehlt, ist die Idee, die das Bier begehrlich darstellt und das Plakat so außergewöhnlich macht, dass man es überhaupt bemerkt. Die Kreativen von der Agentur Aimaq Rapp Stolle haben das »H« in Heineken um einige Striche ergänzt – so, wie man auf einem Bierdeckel die Anzahl der bestellten Getränke vermerkt. Eine wundervolle Plakatidee, die dramatisiert, wie gut Heineken schmeckt.
Schöner Nebeneffekt: Das Konzept ist einzigartig für die Marke. Paulaner oder Bitburger könnten diese Idee nicht nutzen.

Beispiel: Coca-Cola und Olympische Spiele (Design). Die Agentur McCann hatte die Aufgabe, plakativ herauszuarbeiten, dass Coca-Cola die Olympischen Spiele sponsert. Die Idee war, das typische Design aufzugreifen, in dem der Schriftzug Coca-Cola gestaltet ist. So wurde zum Beispiel in die Illustration einer Handballspielerin, die gerade den Ball über das Netz spielt, eine geschwungene Linie im Coca-Cola-Stil eingefügt, die das Netz darstellen soll. Die Linie erinnert auf den ersten Blick an den Coca-Cola-Schriftzug. Und man weiß durch die Handballspielerin, dass sie gleichzeitig das Netz darstellen soll. Darunter waren die Logos von Coca-Cola und Olympia abgebildet,

ergänzt mit der Erklärung »Worldwide Partner«. In diesem Stil gab es ein Motiv mit einem Hochspringer, der über ein Coca-Cola-Element springt, ein Motiv mit drei Läuferinnen, die durch eine Coca-Cola-Linie ins Ziel einlaufen, und einige Motive mehr.
Das Schöne an diesem Konzept ist, dass man auf den ersten Blick sieht, dass es sich hier um Werbung von Coca-Cola handelt und dass es dabei um Sport geht. Auch der Illustrationsstil trägt dazu bei, dass man gedanklich schnell bei Coca-Cola ist.

Beispiel: BMW und die Freude am Fahren (Philosophie). Ich habe einige Jahre Werbung für BMW entwickelt und hatte bei manchen Briefings das Gefühl, im Nebel zu stochern. Mir war die Aufgabe nicht klar. Das ging nicht nur mir so.
Was uns dann zuverlässig half, war die Besinnung auf etwas, das wir ganz sicher wussten: BMW steht für die Freude am Fahren. Das ist die zentrale Philosophie des Unternehmens. Aus diesem Markenkern heraus entstanden viele interessante Ideen. Rückbesinnen Sie sich auf den Claim. Der Claim ist wie eine extrem verdichtete Anzeige für das Unternehmen, der die Positionierung auf den Punkt bringt.
Zum Beispiel zeigten wir in einer Anzeige eine Weltkarte, auf der das Verhältnis von Land und Wasser umgekehrt war. Bekanntlich ist unser kleiner blauer Planet zu etwa 71 Prozent mit Wasser bedeckt und nur zu 29 Prozent mit Land. Dieses Verhältnis kehrten wir auf der Karte um. Überschrift: »Jeder träumt von einer besseren Welt. Hier ist unsere Version«.

Beispiel: Werbe-Ikone von Iglo Fischstäbchen (Historie). »Käpt'n Iglo ist wieder auf großer Fahrt. Tiefkühlriese besinnt sich auf alte Werbe-Ikonen-Stärken«, lese ich zufällig in Die Welt Kompakt, als ich dieses Kapitel schreibe.[16] Im Artikel führt Antje Schubert, die neue Deutschland-Chefin des Tiefkühlunternehmens Iglo, aus, dass der Käpt'n bei den deutschen Verbrauchern einen Bekanntheitsgrad von 96 Prozent habe, aber seit zwei Jahren nicht mehr in Erscheinung getreten sei. Das werde sich jetzt ändern.

Die Besinnung auf eine Markenikone mit einer Bekanntheit von sagenhaften 96 Prozent scheint mir eine gute Idee zu sein. Man muss also nicht immer das Rad neu erfinden. Käpt'n Iglo ist ein Schatz, der zum Kapital des Unternehmens gehört und einfach nur neu in Dienst gestellt werden muss.

Beispiel: Adidas und Adolf Dassler (Gründermythos). 1920 begann Adolf Dassler zusammen mit seinem Bruder Rudolf, Sportschuhe herzustellen. 1925 produzierte die Gebrüder Dassler Schuhfabrik in Herzogenaurach den ersten reinen Fußballschuh und den ersten reinen Laufschuh. Der Grundstein zum Aufbau eines weltweiten Schuh-Imperiums war gelegt. 1948 stieg Rudolf aus der Firma aus und gründete Puma. Wer solche Unternehmensgründer hat, kann interessante Geschichten erzählen. Was trieb Adolf Dassler an? Was war ihm wichtig? Welcher Philosophie folgte er? Erstklassiger Stoff für einen Film. So sahen das auch die Marketingabteilung von Adidas und die Agentur 180 Amsterdam. Ein Werbespot erzählt die Geschichte Adi Dasslers von seinen Anfängen als bescheidener deutscher Schuhmacher und Athlet bis hin zu immer größeren Erfolgen. So rüstete Adi zum Beispiel die deutsche Fußballnationalmannschaft aus, Hochspringer Dick Fosbury, Tennisspieler Nasty Nastase und Box-Ikone Muhammad Ali.

---

16 Gassmann, Michael: »Käpt'n Iglo ist wieder auf großer Fahrt«. In: Die Welt Kompakt, 19. April 2016, Seite 18

Beispiel: KitKat Break (Prinzip des Produkts). Hier ein Beispiel für eine Idee, die aus dem Wesen, aus dem Prinzip einer Marke beziehungsweise eines Produkts heraus entwickelt wird.
Der Schokoriegel KitKat ist mit dem Claim »Have a break, have a KitKat« positioniert. Zum charakteristischen Wesen von KitKat gehört es, dass man die zwei länglichen Schokoladenstreifen auseinanderbricht. Dieses Prinzip hat die Agentur JWT, Mexiko, aufgegriffen. Sie zeigte in einer Anzeige ein Mobiltelefon, das in der Mitte auseinanderbricht. Es erinnert an einen KitKat-Riegel. Eine weitere Anzeige zeigt Geschäftsleute an einem langen Konferenztisch, der gerade in der Mitte auseinanderbricht. Auch der Tisch erinnert an einen KitKat-Riegel. Die Botschaft: »Have a break, have a KitKat«. Die Agentur hat das Prinzip des KitKat-Riegels auf Objekte übertragen, die zum einen für das Thema Arbeit stehen und zum anderen optisch an die Form eines KitKat-Riegels erinnern.

DAS ROUTINE-START-PROGRAMM.

Sie haben ein gutes Briefing. Sie sind motiviert. Sie sind startklar. Sie sind offen für Ideen von allen Seiten.
Dann los! In der Checkliste auf der folgenden Seite finden Sie ein beispielhaftes Routine-Start-Programm, mit dem Sie in die Gänge kommen und das Ihnen hilft, die lähmende Angst vor dem weißen Blatt Papier hinter sich zu lassen.

Bedienungsanleitung: Einfach hinsetzen und die Punkte nacheinander abhaken.

Checkliste: Das Routine-Start-Programm. Let's roll!

1. Entlasten Sie Ihr Gehirn. Nehmen Sie sich fünf Minuten Zeit, eine To-do-Liste für den Tag anzulegen.
2. Lesen Sie sich das Briefing durch. Auch dann, wenn Sie es schon zehn Mal gelesen haben.
3. Fassen Sie die Aufgabe in einem Satz zusammen, schreiben Sie den Satz auf.
4. Recherchieren Sie, wie das Unternehmen vergleichbare Aufgaben in der Vergangenheit gelöst hat.
5. Recherchieren Sie, wie die Konkurrenz vergleichbare Aufgaben gelöst hat.
6. Recherchieren Sie die Benchmark-Idee in diesem Bereich.
7. Stellen Sie sich lebhaft vor, wie Sie alle Hindernisse überwinden und die Benchmark übertreffen.
8. Weiter geht's mit den Kreativtechniken, die wir uns im nächsten Kapitel ansehen. Glückwunsch, Sie sind gestartet und schon mitten im kreativen Prozess.

KREATIVTECHNIKEN FÜR DIE PRAXIS.

SO KOMMEN SIE AUF IDEEN.

DER BESTE LEHRMEISTER IST DIE NATUR.

Bevor wir uns verschiedene Techniken ansehen, wollen wir der Großmeisterin der Erfindungen über die Schulter schauen: der Natur.
Wie kommt eigentlich die Natur auf Innovationen? Biologen sprechen bei diesem Veränderungsprozess von der Evolution. Zufällige Mutationen und Genkombinationen werden in der Praxis darauf getestet, ob sie unter den gegebenen Umweltbedingungen eine Verbesserung darstellen. Das nennt man Auslese oder Selektion. Eine Verbesserung liegt dann vor, wenn das Lebewesen durch die Veränderung besser an seine Umwelt angepasst ist als vorher. Die Verbesserung setzt sich durch und wird mithilfe der sogenannten »natürlichen Auslese« zum neuen Standard.
So gibt es zum Beispiel Hinweise darauf, dass Vögel heute lauter singen als früher. Warum ist das so? Man geht davon aus, dass Vögel, die

den Straßenlärm übertönen, bessere Chancen haben, Sexualpartner zu finden und sich fortzupflanzen. Damit geht die Fähigkeit, lauter singen zu können, in die Gene der neuen Generation ein. Laut singen zu können ist eine Eigenschaft, die einen Vorteil im Kampf ums Überleben sichert, also setzt sie sich durch.

Vereinfacht kann man also sagen, dass die Natur wie ein großes Labor ist, in dem Veränderungen laufend getestet werden. Ergibt sich aus einer Veränderung ein Vorteil innerhalb der jeweiligen Umgebung, wird die Änderung übernommen. Zeichnet sich dagegen kein Vorteil oder sogar ein Nachteil ab, dann verschwindet diese Ausprägung sofort wieder. Den Status quo zu verändern und auf Vorteile hin zu testen ist somit die Innovationsmethode der Natur.

Sehen wir noch etwas genauer hin: Was steckt hinter der Bezeichnung »zufällige Mutation«?
Aus Sicht eines Biochemikers ist unsere Welt nach einem Baukastenprinzip aufgebaut. Die Dinge bestehen aus Atomen. Das kann man sich vereinfacht vorstellen wie bei Lego: Es gibt Bausteine, die man beliebig miteinander kombinieren kann. Auf diese Weise kann alles Mögliche entstehen. Eine Mutation findet auf Ebene der Gene statt, der Erbanlagen. In der DNA werden Gene ständig kopiert. Dabei entstehen manchmal Fehler, Mutationen. Sie können dazu führen, dass sich neue Eigenschaften herausbilden. Man hat festgestellt, dass zum Beispiel äußerer Stress oder Radioaktivität die Zahl der Mutationen erhöhen. Zudem werden bei der Fortpflanzung die Gene zweier verschiedener Lebewesen zusammengeführt. Die Nachkommen können die Eigenschaften beider Elternteile haben.
Ist also der Kern der Evolution »Try and Error«? Auf den ersten Blick sieht es so aus, aber vielleicht ist die Wissenschaft einfach noch nicht

so weit, diese Frage eindeutig beantworten zu können. Alle Rätsel des Lebens hat der Mensch eben doch noch nicht abschließend entschlüsselt.

Für uns ist zumindest das Prinzip interessant: Innovationen entstehen durch Veränderungen, die den Status quo unter den gegebenen Umweltbedingungen verbessern.

Beispiel: Birkenspanner (biston betularia). Der Birkenspanner ist ein Schmetterling, der vor allem auf Birken lebt und von Vögeln gefressen wird. Er schützt sich vor seinen Feinden, indem er die Farbe der Birken annimmt und sich dadurch vor den Vögeln tarnt.
In Gebieten mit hoher Industrialisierung ist in der Regel die Luftverschmutzung ausgeprägt. Birken sind in diesen Regionen durch Ruß- und Staubablagerungen eher dunkel gefärbt. Entsprechend findet man hier Birkenspanner, die ebenfalls dunkel gefärbt sind. Die dunkle Mutation des Schmetterlings überlebt durch ihre Tarnung auf den dunkel gefärbten Bäumen besser als die hellen Birkenspanner. Das bezeichnet man als »Industriemelanismus«.
In Gegenden mit sauberer Luft ist es umgekehrt: Hier sind die hellen Schmetterlinge besser getarnt als die dunklen, weil die Birken ebenfalls hell sind. Die Folge: Dunkle Birkenspanner werden von den Vögeln gefressen (natürliche Selektion). Es geht nicht darum, ob Hell oder Dunkel die bessere Färbung ist, es geht darum, welche Färbung für die jeweilige Umgebung einen Vorteil bietet (Selektionsvorteil).
In der Bionik betrachten Wissenschaftler und Ingenieure die Natur und analysieren Prozesse und Strukturen. Es geht um die Frage, warum die Dinge in der Natur so sind, wie sie sind, und welche Lehren man daraus auf technische Lösungen übertragen könnte. Bekannte Beispiele sind zum Beispiel der Klettverschluss, der sich aus den Kletten in der Natur

ableitet, oder der Ansatz von Leonardo da Vinci, den Flug von Vögeln mit Flugmaschinen nachzubauen.

DIE ZAUBERTRANK-TECHNIK.
ENTSPANNUNG UND INSPIRATION.

Beginnen wir zum Lockermachen mit der Technik, die ich Ihnen beim Geheimnis exzellenter Ideen schon angekündigt habe: der Zaubertrank-Technik.

Sie ist nicht ganz ernst gemeint und geht zurück auf Neil French, zuletzt Worldwide Creative Director bei der WPP Group. Die Technik funktioniert nicht ohne zwei Hilfsmittel. Das erste Hilfsmittel ist eine Flasche Wein. Mr. French empfiehlt einen Rotwein, aber ich wage die kühne These, dass Weißwein ebenfalls funktioniert. Das zweite Hilfsmittel ist ein Weinglas. Schenken Sie sich nun Wein ein, und denken Sie über die Aufgabe nach. Das Entscheidende ist: Dabei dürfen Sie nichts aufschreiben! Nicht den kleinsten Stichpunkt dürfen Sie sich notieren, darauf beruht das Konzept. Erst am nächsten Tag dürfen Sie Ihre Ideen aufschreiben. Mr. French meint, dass die Ideen, an die man sich noch erinnern kann, die guten sind. Was man dagegen vergessen hat, habe man zu Recht aus der Erinnerung getilgt.

Ich finde die Technik amüsant, aber ernsthaft empfehlen kann ich sie natürlich nicht. Wo kommen wir denn hin, wenn wir nur noch Ideen haben können, wenn wir den Abend davor mit einer Flasche Wein verbracht haben? Eine lustige Vorstellung. Probieren Sie die Technik gerne mal aus, aber hüten Sie sich davor, allein darauf zu setzen.

DIE NEUES-DURCH-NEUES-TECHNIK.

ENTKOMMEN SIE DER ROUTINE.

Neue Ideen haben einen natürlichen Feind. Er heißt: Routine.
Der Mensch ist ein Gewohnheitstier. Er verfällt leicht in immer den gleichen Trott. Auch gedanklich. Unser Gehirn denkt in Routinemustern und bewegt sich gerne auf den bekannten Bahnen. Das ist nicht gerade förderlich, um querzudenken und auf innovative Ideen zu kommen. Routine ist, als ob man durch Honig schwimmen müsste. Es geht nur zäh und langsam voran. Man klebt am Alten, Bekannten und Gewohnten.
Aber es gibt Hoffnung: »Man kann mit gezielten Übungen sehr gut daran arbeiten, mehr Kreativität aus sich herauszuholen. Es geht vor allem darum, aus der Alltagsroutine auszubrechen.« Das sagt Frederik Pferdt, Head of Innovation and Creativity Program bei Google.

Der Ausweg ist, sich öfter mal auf etwas Neues einzulassen. Entkommen Sie der Routine, indem Sie sich im ersten Schritt bewusst werden, dass Sie sich überhaupt in einer Routineschleife befinden:

- Beobachten Sie sich selbst.
- Versuchen Sie, sich selbst als neutralen Beobachter von außen wahrzunehmen.
- Schreiben Sie sich ein Post-it, auf dem steht: »Machst Du das etwa immer so?«
- Kleben Sie das Post-it auf die Rückseite Ihres Handys – das haben Sie doch eh immer dabei.
- Lesen Sie ab und zu die Frage, und denken Sie darüber nach, ob die Situation gerade Routine ist. Sitzen Sie gerade mit Ihrem Teampartner, mit dem Sie schon seit zwei Jahren zusammenarbeiten, beim

Ausdenken? Denken Sie schon wieder in Konferenzraum 2 aus? Ist es immer Vormittag, wenn Sie ausdenken? Schreiben Sie schon wieder alle Ideen direkt in Ihr Notebook? Trinken Sie schon wieder Kaffee dabei?

Im zweiten Schritt durchbrechen Sie das Muster, indem Sie bewusst etwas anderes tun als das Übliche.
Wenn Sie zum Beispiel immer zusammen mit einem bestimmten Teampartner nachdenken, dann durchbrechen Sie diese Routine, indem Sie sich einfach mal ganz allein auf die Ideensuche begeben oder sich einmal mit einem anderen Teampartner zusammentun. Wenn Sie immer Ideentechnik A nutzen, dann versuchen Sie es doch auch mal mit Technik D. Wenn Sie immer von 9 bis 12 Uhr ausdenken, dann verschieben Sie den Termin doch mal auf 14 bis 17 Uhr. Wenn Sie immer im Büro grübeln, dann setzen Sie sich doch mal in ein Café. Wenn Sie immer mit Ihrem Notebook arbeiten, dann kritzeln Sie doch mal in ein Notizbuch. Wenn Sie immer Kaffee beim Ausdenken trinken, dann versuchen Sie doch mal Orangensaft.

Dieses Prinzip können Sie natürlich auch außerhalb des Büros anwenden. Wenn Sie immer mit dem Auto fahren, dann nehmen Sie doch mal das Fahrrad. Wenn Sie immer Tagesschau sehen, dann schauen Sie zur Abwechslung einmal n-tv. Wenn Sie immer Jeans und Pullover tragen, dann kommen Sie doch mal im Anzug. Kurzum: Tun Sie etwas gegen die Routine.

Ich habe dieses Prinzip bei Jung von Matt kennengelernt. Alle paar Monate wurden Schreibtische, Büros und sogar Teampartner durcheinandergewirbelt. Der Gedanke dahinter: Neues entsteht leichter durch Neues.

Vereinfacht gesagt: Wenn Sie immer den gleichen Weg nehmen, wird Ihnen kaum etwas begegnen, das Ihnen neu vorkommt. Entscheiden Sie sich dagegen für das Neue an sich, für neue Wege, dann sieht plötzlich alles neu und interessant aus. Der Kopf ist automatisch wacher. Wer sich dagegen in den immer gleichen Bahnen bewegt, der läuft Gefahr, vieles wie im Halbschlaf zu erledigen. Halbschlaf aber ist kein guter Zustand, um auf frische Ideen zu kommen.

Gute oder schlechte Routine? Vorsicht: Nicht jede Routine ist negativ. Es gibt auch Gewohnheiten, die wertvoll, gesund und hilfreich sind. Frühmorgens joggen: Wunderbar, ändern Sie das bloß nicht! Mittags die Kinder von der Schule abholen: Bitte weiter so. Morgens am Schreibtisch die To-do-Liste schreiben: Genau richtig. Aber immer nach dem gleichen Schema arbeiten und im Alltagstrott versinken: Nicht gerade sinnvoll, wenn Sie der Routine entkommen wollen. Fragen Sie sich also bei jeder Gewohnheit, ob sie positiv oder negativ ist.

Die Gewohnheit, der Gewohnheit zu entkommen. Gewöhnen Sie sich an, einfach mal ohne jeden Grund etwas anders zu machen als sonst. Das können unwichtige Kleinigkeiten sein.
Gehen Sie im Supermarkt nicht wie üblich an Kasse 1, sondern zu Kasse 4. Trinken Sie mal nicht wie üblich nach dem Essen einen Espresso, sondern einen türkischen Mokka. Sie wissen nicht, wie türkischer Mokka schmeckt? Oder was das eigentlich ist? Perfekt, probieren Sie es aus. Greifen Sie am Kiosk nicht zur Süddeutschen Zeitung, sondern zum Piercing-Magazin. Kurzum: Überraschen Sie sich selbst.

Sie werden sehen: Das ist interessant und führt dazu, dass man die neuen Wege in seinem Leben kultiviert. Solch eine Gewohnheit ist enorm positiv.

Zusammengefasst: Die Neues-durch-Neues-Technik.

So entkommen Sie der Routine.

- Beobachten Sie sich selbst.
- Spüren Sie auf, wo Sie routiniert immer das Gleiche tun.
- Ist es eine positive oder eine negative Gewohnheit?
- Entkommen Sie negativen Routinen, indem Sie aus dem Kreislauf ausbrechen. Tun Sie etwas anderes als das Übliche.
- Überraschen Sie sich selbst.
- Kultivieren Sie den Impuls, spontan etwas Neues zu tun.

Inspiration: Der Ja-Sager. Zur Inspiration gebe ich Ihnen noch zwei Filmtipps. Der erste Film heißt »Der Ja-Sager« und ist eine US-amerikanische Filmkomödie aus dem Jahr 2008 mit Zooey Deschanel, Jim Carrey und Bradley Cooper. Die Grundidee ist, dass sich das Leben von Carl Allen (gespielt von Jim Carrey), eines gelangweilten Bankangestellten, dramatisch verbessert, als er beschließt, zu allem immer Ja zu sagen. Alle Gelegenheiten, die ihm im Leben begegnen, nimmt er an und sagt Ja zu ihnen. Gitarrenunterricht? Ja! Eine Onlinepartnervermittlung mit persischen Frauen? Ja! Ein Koreanisch-Kurs? Aber ja! »Können Sie mir ein paar Dollar borgen« Ja! »Willst du was aufs Maul?« Ja! Gern! »Willst du Lucys Junggesellinnenabschied organisieren? »Ja! Sicher! Wieso nicht? Ja, das wär' toll, das würd' ich gern tun.« Der Banker sagt Ja zum Leben. Auf diese Weise wird sein Leben interessant und abwechslungsreich. Ein unterhaltsamer Film, der dazu inspiriert, seinen eigenen Routinen zu entkommen und öfter mal etwas Neues zu wagen.

Inspiration: Das erstaunliche Leben des Walter Mitty. Der zweite Film, den ich Ihnen empfehle, ist eine US-amerikanische Komödie von 2013. Walter Mitty (gespielt von Ben Stiller, der auch Regie führte) führt ein ereignisloses Leben und arbeitet im Fotoarchiv des amerikanischen Life!-Magazins. Er hängt Tagträumen nach und traut sich nicht, seine Kollegin Cheryl anzusprechen. Erst als er einem Fotografen durch Länder wie Grönland und Afghanistan hinterherreisen muss, erlebt er die Art von Abenteuern, von denen er immer nur geträumt hat. Auch in diesem Film geht es darum, was passieren kann, wenn man aus dem grauen Alltag und seinen Routinen ausbricht.

Übung: die neu entdeckte Hand. Diese Übung stammt von der Harvard-Professorin Ellen Langer, die wir bei den Experimenten rund um die eigene Einstellung kennengelernt haben. Sie schlägt Rechtshändern vor, eine Zeit lang zum Linkshänder zu werden, und umgekehrt. Es ist so, als würde man seine andere Hand erst richtig wahrnehmen und entdecken. Denn vorher hat man bewusst fast nur die Haupthand eingesetzt. Ellen Langer über den Effekt: »Man aktiviert dabei die jeweils andere Gehirnhälfte und kommt auf neue Gedanken.«

DIE ABWEICHEN-VON-DER-NORM-TECHNIK.

BRECHEN SIE DIE REGELN.

Diese Technik ist mehr als ein Prozess, dem man folgt. Sie ist die Grundlage jeder kreativen Gestaltung. Und darüber hinaus der Schlüssel, wie man Aufmerksamkeit generiert. Daher möchte ich etwas ausholen, um sie vorzustellen.

Unsere Welt ist das, was wir über unsere Sinne vermittelt bekommen. Sie ist, was wir sehen, was wir hören, riechen, schmecken und fühlen. Zu jedem Zeitpunkt liefern unsere Sinne Informationen an unser Gehirn. Dort werden diese Informationen ausgewertet und wie die Teile eines Puzzles zusammengesetzt. Die Puzzleteile ergeben das Gesamtbild, unseren Eindruck von der Welt.

Da aber ständig eine Informationsflut über uns hereinbricht, gibt es einen Schutzschirm, der uns davor bewahrt, von diesen vielen Details überwältigt zu werden: unser Bewusstsein. Nur ein winziger Bruchteil der Informationen wird uns bewusst, der Großteil wird ausgeblendet und bleibt unbewusst. Das ist richtig und wichtig, sonst würden wir vermutlich verrückt werden, wenn wir alle Informationen abbekommen würden. Unser vegetatives Nervensystem und unser Unterbewusstsein sind wie Autopiloten, die uns zuverlässig auf Kurs halten. Wir müssen nichts bewusst tun, wie angenehm! Denken Sie nur an Ihren Weg zur Arbeit: Er ist nichts Besonderes für Sie, sondern Alltag, immer das Gleiche. Deshalb schalten Sie innerlich auf Autopilot.

Das Außergewöhnliche generiert Aufmerksamkeit. Die Evolution hat nun Folgendes vorgesehen: Sobald eine Information deutlich vom Gewöhnlichen, vom Standard, vom Erwarteten abweicht, dringt sie in unser Bewusstsein.

Stellen Sie sich zum Beispiel einen Steinzeitmenschen vor, der durch den Wald spaziert. Alles ist wie immer. Plötzlich bricht eine Säbelzahnkatze durchs Unterholz. Eine Abweichung vom Gewöhnlichen, die sofort ins Bewusstsein dringen muss, damit wir reagieren können. Oder ein Waldbrand! Flammen schießen in den Himmel! Wir riechen den Brand, unsere Augen brennen vom Rauch. Sofort sind wir im Alarmzustand.

»IN EINER WELT
VOLLER MÖGLICHKEITEN
UND MEDIEN
WIRD AUFMERKSAMKEIT
ZUM ENTSCHEIDENDEN
WETTBEWERBSVORTEIL.
WER SIE HAT, GEWINNT.
AUFMERKSAMKEIT IST
DIE WICHTIGSTE WÄHRUNG
DER WELT.«

Dieses Prinzip nutzen Kommunikationsfachleute noch heute, denn unser Gehirn hat sich in all den Jahren kaum verändert. Werber zum Beispiel wollen, dass ihre Botschaften bemerkt werden. Also schaffen sie ganz bewusst solche Abweichungen vom Bekannten und Alltäglichen, damit die Menschen darauf aufmerksam werden.
Je dramatischer, je überraschender und je emotionaler die Information übermittelt wird, desto tiefer wird sie im Gedächtnis verankert. Aufmerksamkeit ist in der Kommunikationsbranche von zentraler Bedeutung. Sie ist die Basis dafür, dass man eine Verbindung zu den Menschen herstellen kann. Meiner Meinung nach ist Aufmerksamkeit sogar die wichtigste Währung der Welt. Gemessen in Klicks, Likes, Shares, Comments und Betrachtungsdauer. In einer Welt voller Möglichkeiten und Medien wird Aufmerksamkeit zum entscheidenden Wettbewerbsvorteil. Wer sie hat, gewinnt.

So bricht man Regeln. Nachdem wir dieses Prinzip betrachtet haben, wollen wir uns nun ansehen, wie wir es konkret für die Ideensuche nutzen können. Es geht also darum, etwas zu kreieren, was vom Gewöhnlichen abweicht.

Man könnte auch sagen: Es gilt, die Regeln zu brechen.

Klar: Wer die Regeln brechen will, muss sie kennen. Das scheint nicht allzu schwer. Man muss das Leben und die Menschen beobachten, dann hat man das Gewöhnliche vor Augen. Der anstrengende Teil ist, den Bruch der Regeln in die gewünschte Richtung zu betreiben, das Außergewöhnliche so zu gestalten, dass es eine vorher definierte Botschaft transportiert.
In der Kunst wird der Regelbruch kultiviert, aber er braucht nicht unbedingt eine Botschaft. Zwar gibt es zahlreiche Kunstwerke mit einer

Aussage, aber sie ist nicht zwingend notwendig. Der Betrachter kann sich selbst seine Gedanken machen, wozu ihn das Werk inspiriert.
Im Kommunikationsbereich dagegen hat man diese Freiheit nicht. Man muss eine Botschaft verkünden. Gerade in der Werbung, im Design und in der Architektur hat man Vorgaben, was man vermitteln soll. Es gilt nun, das Gewöhnliche so zu verändern, dass das Außergewöhnliche exakt diese Botschaft vermittelt. Lösungen dieser Art sind wie ein Spiegel, der einen Sprung hat. Er zeigt die Realität mit einem Twist, mit einem Dreh, mit einem außergewöhnlichen Element.

Beispiel: When the world zigs, zag. Für dieses Beispiel gehen wir in der Zeit etwas zurück. Das lohnt sich manchmal, wenn es um Dinge geht, die zeitlos und groß sind. Wir befinden uns im London des Jahres 1982. Mr. Bartle, Mr. Bogle und Mr. Hegarty haben soeben eine Werbeagentur gegründet (BBH). Die Agentur hat zwar noch kein Personal und kein Büro, aber dafür gerade den Etat von Levi Strauss gewonnen. Das Unternehmen ist kommunikativ in einer schrecklichen Lage: Immer wenn die Werbung geschaltet wird, brechen die Verkäufe ein. Die Manager sind entsprechend verunsichert und zweifeln an sich selbst (»Do something we won't like«). Ein neues Konzept muss her. BBH soll es liefern.
Der erste Auftrag ist der Launch von »Black Levi's«. Zielgruppe: Teenager. Werbeflächen in London sind bereits gebucht. Fehlt nur noch eine gute Idee. John Hegarty, der Artdirektor, überlegt sich: Was wollen Teenager? Sie wollen anders sein als die graue Masse, sich abheben, Punk sein, Rebell sein. Diesen Gedanken verpackt Hegarty in ein Bild: Er zeigt eine Schafherde. Alle Schafe schauen nach links. Mitten unter ihnen ist ein einziges schwarzes Schaf. Es schaut nach rechts. Texterin Barbara Nokes drückt das Bild in einem Slogan aus: »Black Levi's. When the world zigs, zag.«

Als Bob Haas, der President von Levi Strauss, das Motiv sieht, lässt er es sich rahmen und in seinem Büro aufhängen. »This is what Levi's the company should be about«, erklärt er.[17] Das schwarze Schaf, das anders ist als die anderen und eine andere Richtung verfolgt, ist die Visualisierung des Regelbruchs, es ist das Außergewöhnliche im Normalen. Das Normale wird nicht bemerkt. Nur die Abweichung vom Gewöhnlichen erregt Aufmerksamkeit.

Beispiel: Wahrscheinlich irgendwie anders. Ich wähle dieses Beispiel aus, weil auch hier sehr deutlich Regel und Regelbruch gegenübergestellt werden. Es handelt sich um ein Plakat für die Zigarettenmarke »John Player Special«. Ich kenne die Zielgruppe nicht, aber das »Special« im Namen macht deutlich, dass es auch hier um Leute geht, die etwas Besonderes sein und sich von der breiten Masse abgrenzen wollen. Das Bild, das hier gewählt wurde, zeigt einige Arme in weißen Hemden, die zum Hitlergruß ausgestreckt sind. Ein einziger Arm ist mit einer schwarzen Lederjacke bekleidet, die Hand steckt in einem schwarzen Lederhandschuh und zeigt den Mittelfinger. Die Überschrift lautet: »John Player Special. Wahrscheinlich irgendwie anders.« Die Regel, das Gewöhnliche, ist der Hitlergruß. Der Regelbruch, das Außergewöhnliche, ist der Stinkefinger.

Beide Beispiele funktionieren so, dass man das Außergewöhnliche in das Normale einbettet. Im folgenden Beispiel wird erst das Normale gezeigt und dann das Außergewöhnliche, erst die Regel, danach der Regelbruch.

---

17 Hegarty, John: »Hegarty on Advertising: Turning Intelligence into Magic«, erschienen bei Thames & Hudson, Seite 167, ISBN 978-0-500-51556-3

Beispiel: Lust auf eine neue Frisur? Auch dieses Beispiel ist ein Klassiker. Auf einer rechten Zeitungsseite war Bundeskanzlerin Angela Merkel abgebildet. Die Überschrift griff ein Thema auf, das gerade in Deutschland im Gespräch war: die Frisur der Bundeskanzlerin. Wer frisiert sie? Ist das die richtige Frisur für ihren Typ? Könnte sie nicht mehr aus sich machen? Und so weiter. Dieses Gerede griff die Schlagzeile auf: »Lust auf eine neue Frisur?« Blätterte man um, sah man auf der nächsten rechten Seite die Antwort: Angela Merkel standen die Haare zu Berge. Überschrift: »Mieten Sie sich ein Cabrio.« Absender: Sixt Autovermietung.

Auf der ersten Seite wurde die Norm gezeigt (normale Frisur), auf der Folgeseite die Abweichung davon (Cabriofrisur), die für Aufmerksamkeit sorgt und – ganz wichtig – auf die Botschaft einzahlt (Mieten Sie sich ein Cabrio). Ich möchte noch einmal betonen, dass die Abweichung immer eine Richtung verfolgen muss. Sie muss die Botschaft kommunizieren. Es darf also nicht so sein, dass man eine Abweichung wählt, nur um für Aufmerksamkeit zu sorgen.

Die Merkel-Anzeige war ein großer Erfolg und in Deutschland ein beliebtes Gesprächsthema. Gekostet hatte die Werbung 193 000 DM. Aber die Berichterstattung der Medien darüber hatte einen Mediawert von 6 Millionen DM. Agentur: Jung von Matt.

Beispiel: die Wasserspeier-Regenrinne. Als ich einmal in Kopenhagen unterwegs war, blieb ich plötzlich abrupt stehen. Ich war in der Frederiksberg Allé zufällig auf eine Perle der Architektur gestoßen: Die Regenrinne eines Hauses lief durch die Skulptur eines Froschkopfs. In die Mauer war ein etwa ein Meter breiter großer Wasserspeier-Kopf eingebaut worden. Aus dem Mund des Wasserspeiers kam zwar kein Wasser, aber zumindest die Regenrinne. So schön war noch nie eine Regenrinne verpackt worden.

Was ließ mich anhalten? Ich kannte die Norm von einer schlichten Regenrinne und stieß auf die Abweichung davon. Das heißt, man muss die Norm nicht unbedingt zeigen, wenn die Leute sie im Kopf haben und kennen. Dann genügt es schon, die Abweichung darzustellen.

Beispiel: die Dalí-Uhr. Vor einiger Zeit hatte ich die Aufgabe, eine Dalí-Ausstellung zu bewerben. Zwar hatte ich eine ungefähre Vorstellung davon, wer Salvador Dalí war, aber von allen Werken fielen mir spontan nur zwei ein: die brennenden Giraffen und die zerfließende Uhr. Zu den brennenden Giraffen hatte ich keine Idee, aber zur zerfließenden Uhr kam mir der Gedanke, dass sie ja bereits eine Abweichung von der Norm ist. Ich hatte also die Abweichung – fehlte nur noch die Norm, eine gewöhnliche Uhr. Wo gab es Uhren in Verbindung mit Werbung? Die Lösung war schnell gefunden. Jeden Morgen lief ich auf dem Weg zur Arbeit an einer öffentlichen Uhr vorbei, wie es viele in allen Städten Deutschlands gibt. Die öffentliche Uhr gehört der Außenwerbefirma Ströer, die auf der Uhr Werbeflächen vermarktet. Die Uhr besteht aus zwei Vierecken, die untereinander an einem Mast hängen und sich langsam drehen. Im oberen Viereck ist auf jeder der vier Seiten jeweils eine schlichte Uhr zu sehen, im Viereck darunter gibt es auf jeder der vier Seiten eine Werbefläche. Prima, das war die Norm. Die Abweichung von der Norm hatte Salvador Dalí längst geliefert. In einer Kooperation tauschte Ströer das normale Ziffernblatt der Uhren gegen ein zerfließendes Dalí-Ziffernblatt aus. Auf den Werbeflächen unter den Uhren stand der Hinweis auf die Ausstellung.

Die Change-Methode. Wir haben gesehen, dass wir die Regel brechen müssen, um überhaupt bemerkt zu werden. Ohne Abweichung vom Gewöhnlichen gibt es keine Aufmerksamkeit. Einige Beispiele haben uns gezeigt, wie das aussehen kann.

Bleibt die Frage: Wie geht man konkret vor? Ich war noch nie ein Freund von Mathematik. Aber ich kann mich daran erinnern, dass ich meine Rechnungen mit einer Bestandsaufnahme beginnen sollte. »Gegeben ist«, hieß das immer. Diesen Ansatz können wir hier nutzen.

- Schreiben Sie in einem Satz auf, was die Aufgabe beziehungsweise die Aussage oder Botschaft ist.
- Fassen Sie ebenfalls in einem Satz zusammen, wer die Zielgruppe ist.
- Picken Sie sich die wichtigsten Punkte, die gegeben sind, aus dem Briefing heraus. Schreiben Sie diese Punkte zusammen.
- Ergänzen Sie die Punkte um eigene Beobachtungen und Assoziationen zu diesem Thema.

Versuchen Sie, die Punkte in Bilder zu übersetzen. Ihr Kopf kann leichter mit Bildern arbeiten als mit Worten. Wie könnte man zum Beispiel den Wunsch von Teenagern, sich vom Mainstream abzugrenzen, visuell darstellen? Skizzieren Sie die Bilder ganz grob und schnell mit wenigen Strichen auf einem Blatt. Sie müssen nicht zeichnen können, Sie müssen nur ungefähr andeuten, welches Bild Sie darstellen wollen. Geben Sie sich keine Mühe mit den Skizzen, es genügt, wenn Sie wissen, welches Bild damit gemeint sein soll. Keine Sorge, Sie müssen Ihre Skizzen ja niemandem zeigen.

Nun ist Ihre Fantasie gefragt. Spielen Sie gedanklich mit den Bildern. Verändern Sie sie, und denken Sie dabei in alle Richtungen, und zwar so, dass sie die gebriefte Aussage transportieren oder dramatisieren.

- Versuchen Sie zum Beispiel, ob das Gegenteil von gegebenen Bildern passen könnte (Schaf – schwarzes Schaf, Hitlergruß – Mittelfinger).
- Machen Sie Dinge ganz groß oder ganz klein.
- Stellen Sie die Welt auf den Kopf.
- Wechseln Sie die Farben.
- Addieren Sie etwas dazu, nehmen Sie etwas weg.

Spielen Sie ein bisschen herum. Kurzum: Verändern Sie das, was gegeben ist. Das Verändern ist nichts anderes als das Prinzip »Abweichen von der Norm«. Wichtig ist, dass Sie die Änderung, die Sie vornehmen, so wählen, dass sie die Aussage darstellt, um die es geht. Es macht also wenig Sinn, einfach etwas zu verändern, ohne eine genaue Vorstellung davon zu haben, was das eigentlich aussagen soll.

Um den Änderungen eine sinnvolle Richtung zu geben, müssen Sie sich an der Aufgabe beziehungsweise der Aussage orientieren, um die es geht. Sie können die Bilder nur im Kopf verändern oder zusätzlich auch mit einigen Strichen auf dem Blatt.

Wenn Sie glauben, eine interessante Abweichung gefunden zu haben, versetzen Sie sich gedanklich in die Zielgruppe hinein. Tun Sie so, als würden Sie die Idee zum ersten Mal sehen – auch wenn es schwer ist und einige Übung erfordert. Fragen Sie sich:

- Versteht man das überhaupt?
- Was würde die Zielgruppe denken?
- Finden Sie die Idee gut?
- Haben Sie das Gefühl, die Idee sofort jemandem erzählen zu müssen?
- Würden Sie die Idee auch dann noch umsetzen, wenn Sie das unternehmerische Risiko dafür tragen müssten?
- Ist das wirklich die beste Idee, auf die Sie kommen können?
- Ist es das schon?

Seien Sie kritisch, und machen Sie sich nichts vor. Wenn Sie noch nicht richtig begeistert sind, sollten Sie lieber noch einmal eine Runde drehen. Im Zweifel: Geben Sie sich noch nicht zufrieden. Arbeiten Sie weiter, bis sich das Gefühl einstellt, diese Idee sofort unbedingt jemandem

»DER HÄUFIGSTE FEHLER IM KREATIVEN PROZESS IST, DASS MAN SICH ZU FRÜH MIT EINER IDEE ZUFRIEDENGIBT.«

zeigen zu müssen. Motivieren Sie sich immer wieder neu, indem Sie sich Benchmark-Ideen ansehen, die Ihnen zeigen, was Großartiges möglich ist. Fassen Sie den festen Entschluss, etwas ähnlich Exzellentes auf die Straße bringen zu wollen. Bleiben Sie hartnäckig.

Zusammengefasst: Die Abweichen-von-der-Norm-Technik.

- Schreiben Sie in einem einzigen Satz auf, was die **Aufgabe/Botschaft** ist.
- Schreiben Sie in einem Satz auf, wer die **Zielgruppe** ist.
- Fassen Sie anhand des Briefings zusammen, welche Punkte **gegeben** sind.
- Ergänzen Sie die Punkte um eigene **Beobachtungen und Assoziationen**.
- Übersetzen Sie die Punkte in **Bilder**. Skizzieren Sie die Bilder grob auf einem Blatt.
- Verändern Sie die Elemente der Bilder so, dass sie die Aussage/Botschaft vermitteln oder dramatisieren **(Abweichung von der Norm)**.

Fünf Kontrollfragen: Habe ich wirklich die beste Idee gefunden?

1. Vermittelt die Abweichung die Botschaft?
2. Versteht die Zielgruppe das?
3. Wollen Sie die Idee jemandem erzählen?
4. Würden Sie die Idee umsetzen, wenn das Unternehmen Ihnen gehören würde?
5. Was hält ein Unbeteiligter davon?

Übung: die Dalí-Uhr-Aufgabe. Lassen Sie uns das Beispiel mit der Dalí-Uhr nach diesem Schema durcharbeiten.

Die Botschaft: Bewerben Sie die Dalí-Ausstellung in München.
Die Zielgruppe: Alle Münchner, die sich für Kunst interessieren
Gegeben ist: Salvador Dalí, Künstler, Maler, Ausstellung, München, Kunstinteressierte, 15. Oktober bis 19. Januar
Eigene Beobachtungen und Assoziationen: Brennende Giraffen, zerfließende Uhren
Übersetzung in Bilder: Hier kann man auf alles Mögliche kommen. Eine Lösung liefert zum Beispiel die zerfließende Uhr. Übrigens: Das ist bestimmt nicht die einzige Lösung.
Die Norm: Normales Ziffernblatt einer Uhr
Die Abweichung von der Norm: Zerfließendes Dalí-Ziffernblatt

Kontrollfrage 1: Vermittelt die Abweichung die Botschaft? Ja, die zerfließende Uhr weist auf die Dalí-Ausstellung hin.
Kontrollfrage 2: Versteht die Zielgruppe das? Wenn die Zielgruppe weiß, dass Dalí zerfließende Uhren gemalt hat, dann schon. Da wir Kunstinteressierte ansprechen wollen, die in Ausstellungen gehen, kann man das voraussetzen.
Kontrollfrage 3: Wollen Sie die Idee jemandem erzählen? Die Idee ist interessant und ein Hingucker, also ja.
Kontrollfrage 4: Würden Sie die Idee umsetzen, wenn Ihnen das Unternehmen gehören würde? Ja, das ist plakativ, simpel, vermittelt präzise die Botschaft und fällt auf. Kurzum: Die Idee ist auf der 12.
Kontrollfrage 5: Was hält die Putzfrau davon? »Ganz lustig.«

DIE DISRUPTION-TECHNIK VON TBWA.

ENTWICKELN SIE EINE VISION.

Der englische Begriff »Disruption« ist in der Wirtschaft und insbesondere in der Start-up-Szene zu einem Buzz-Word geworden. Die Frankfurter Allgemeine Zeitung kürte »Disruption« zum Wirtschaftswort des Jahres 2015. Alles muss plötzlich »disruptiv« sein. Was soll das bedeuten?
Laut Duden verbirgt sich hinter »disruptiv« zum Beispiel »zerrüttend«, »zerreißend« oder »durchschlagend«. Amazon-Chef Jeff Bezos versteht unter »Disruption« Folgendes: »Alles, was die Kunden lieber mögen als das, was sie vorher gekannt haben, ist disruptiv.«[18] Mit anderen Worten: Die bestehende Ordnung wird durch eine Idee durcheinandergewirbelt, zerschlagen, und eine neue Ordnung tritt an ihre Stelle. Eine disruptive Idee ist wie ein Erdbeben, das die bestehende Ordnung verschlingt und eine neue Ordnung hervorbringt. Die treibende Kraft dahinter ist, dass die neuen Verhältnisse das Leben der Konsumenten schöner, einfacher oder angenehmer machen.

Wer hat's erfunden? Oft liest man, der US-amerikanische Wirtschaftswissenschaftler Clayton M. Christensen habe den Begriff geprägt. Und zwar durch sein Buch »The Innovator's Dilemma« von 1997. Die Agentur TBWA Worldwide dagegen pocht darauf, ihr Chairman Jean-Marie Dru habe den Begriff bereits 1991 im Wall Street Journal

18 Meck, Georg, und Weiguny, Bettina: »Disruption, Baby, Disruption!«. In: FAZ, 27.12.2015. Quelle: http://www.faz.net/aktuell/wirtschaft/wirtschaftswissen/das-wirtschaftswort-des-jahres-disruption-baby-disruption-13985491.html

ins Spiel gebracht. TBWA habe sich den Begriff sogar schützen lassen, ist zu lesen.[19]

Die Vorstellung, dass man eine bestehende Ordnung radikal zerschlagen muss, damit etwas Neues entstehen kann, ist kein Denkmodell der Neuzeit, sondern Tausende von Jahren alt. Im Hinduismus etwa hat man eine Göttin, die diese Vorstellung verkörpert: Kali. Sie ist die Göttin des Todes, der Zerstörung, aber auch der Erneuerung und der Transformation. In Darstellungen wirkt sie oft bedrohlich, dabei richtet sie sich nicht gegen Menschen, sondern gegen Dämonen. Ihre Sichel ist ein Symbol dafür, Verwirrung, Unwissenheit und Bindungen radikal zu zerschneiden.

Wie funktioniert das? Auf dem Deutschen Medienkongress 2016 sagte Jean-Marie Dru: »Wir fangen immer damit an, die Gewohnheiten im Markt zu begutachten. Die starren Denkmuster, die Automatismen, die Konventionen. Sachen, die niemand in Frage stellt. Diese versuchen wir dann mit einer klaren Vision zu sprengen.«[20]

Ein Vorbild für diese Denkweise ist für den TBWA-Chairman der inzwischen verstorbene Apple-Mitgründer Steve Jobs: »Er hat in den 70ern mit dem Mac den Personal Computer salonfähig gemacht, Ende der 90er-Jahre mit dem iPod den Musikmarkt revolutioniert, und dann stellte er mit dem iPhone die Mobilfunkbranche auf den Kopf.« Für Steve Jobs' Firma Apple hat TBWA übrigens den legendären Claim »Think different« entwickelt, den Apple allerdings nicht mehr verwendet.

---

19 Kiess, Matthias, und Rehsche, Simon: »Mehr als ein Trend«. In: Handelszeitung, Nummer 5, 2016

20 Günther, Vera: »Mit Rollenspielen zur Disruption«. In: Horizont, 20. Januar 2016. Quelle: http://www.horizont.net/agenturen/nachrichten/Jean-Marie-Dru-Mit-Rollenspielen-zur-Disruption-138383

Zusammengefasst: Disputation à la TBWA.

- Ausgangspunkt ist eine Konvention: »a widely accepted belief«.
- Nun wird eine Vision entwickelt, eine gedankliche Projektion des Unternehmens in die Zukunft: »a big idea to aspire to«.
- Die Disruption, mit der man von der Konvention zur Vision gelangt, beschreibt TBWA so: »a radical new idea to help reach the vision faster«.[21]

Konventionelle Unternehmen haben Probleme, die disruptiven Angreifer abzuwehren, weil sie die Gefahr oft erst erkennen, wenn es zu spät ist. Sie begegnen ihnen oft mit der Arroganz der Mächtigen. Außerdem können sie nicht einfach ihr Geschäftsmodell über Bord werfen.

Beispiel: iTunes-Store vs. CD. Philips führte Anfang der 80er-Jahre die Compact Disc ein und verdrängte damit die gute alte Schallplatte. Die Compact Disc war ein großer Schritt in Sachen Qualität, änderte aber nichts am System: Statt Schallplatten gab es jetzt eben kleine silberne Discs, statt Plattenspieler gab es CD-Spieler. Das System mit Presswerken, Plattenläden, Musikverlagen und Bands blieb im Wesentlichen, wie es war.

Dann kam der 28. April 2003. Und mit diesem Tag kam der iTunes Music Store, der als »revolutionary online music store« angekündigt wurde und tatsächlich ein Erdbeben auslöste. Das System wurde durcheinandergerüttelt. Musikstücke waren nun jeden Tag rund um die Uhr digital und online verfügbar. Zudem konnte man sie zum ersten Mal einzeln erwerben und musste nicht mehr eine ganze CD kaufen,

21 https://tbwa.com

wenn man doch nur einen einzigen Titel hören wollte. Presswerke und Händler wurden mit einem Schlag überflüssig. Auch an den Musikverlagen ging Apples Aufschlag nicht spurlos vorbei, denn nun war es für Bands möglich, ohne Platten-Label weltweit Songs zu veröffentlichen.
Die Konvention lautete: Wer ein Lied auf einem Tonträger kaufen möchte, der muss eine CD im Laden kaufen.
Die Vision könnte man so beschreiben: In Zukunft soll man jedes einzelne Lied jederzeit in Sekundenschnelle online kaufen können.
Die Disruption, die diese Vision möglich machte, war der iTunes Store. Technologien sind für sich genommen allerdings nie disruptiv – Geschäftsmodelle sind es. Wie erfolgreich dieses Modell ist, zeigt sich auch am Beispiel des Streamingdienstes Spotify. Das Unternehmen wurde 2006 gegründet, ist inzwischen in 60 Ländern verbreitet und kann sich über 30 Millionen zahlender Abonnenten freuen.

Beispiel: Airbnb vs. Hotel. Lange galt die Konvention: Wer einem Touristen ein Zimmer vermieten will, muss ein Zimmer haben. Das galt zum Beispiel für Hotels. Hat man nun aber die Vision, der größte Zimmervermittler der Welt zu werden – und das ohne ein einziges Zimmer (vom Büro mal abgesehen), dann braucht man eine radikale Idee.
Das Disruption-Konzept von Airbnb ist, eine Plattform zu etablieren, auf der Privatpersonen Unterkünfte von privaten Anbietern buchen können. Airbnb ist nur Vermittler der Wohnungen, nicht aber der Eigentümer. Das Unternehmen übernimmt übrigens auch keine rechtlichen Verpflichtungen. Das Konzept ist erfolgreich. 2008 ist Airbnb im kalifornischen Silicon Valley gestartet, heute bietet die Plattform über 2,2 Millionen Angebote aus 190 Ländern an. 2015 übernachteten mit Airbnb weltweit über 30 Millionen Gäste. Start-ups können mit Disruption-Konzepten den etablierten Unternehmen das Wasser abgraben.

Beispiel: Netflix vs. Videothek. Lange galt die Konvention: Wer ein Video oder eine DVD seiner Wahl sehen will, muss in die Videothek gehen und sich das Video beziehungsweise die DVD ausleihen.
Als Vision könnte man formulieren: Jeder kann auf jedem Bildschirm und jederzeit den Film sehen, den er gerade sehen will – und das unschlagbar günstig.
Die Geschichte von Netflix begann damit, dass das Unternehmen DVDs per Post verschickte. Dann erkannte Netflix, dass die Zukunft nicht auf dem Postweg liegt, sondern im Internet, und setzte ganz aufs Internetstreaming. Gleichzeitig wirbelte Netflix das konventionelle Preismodell durcheinander: Netflix führte eine monatliche Flatrate ein, statt den Kunden für jeden einzelnen Film zahlen zu lassen (plus Extrakosten für verspätete Rückgabe, auch das noch!). Der Dienst bietet die neuesten Filme und TV-Serien an. Jederzeit auf mehreren Endgeräten. Werbefrei. Auch die Schwarmintelligenz hielt Einzug: Mitglieder können Filme bewerten und empfehlen. Netflix orientiert sich an dem, was die Kunden wollen. Als die Kunden sagten: »Wir wollen sofort alle Episoden von ›House of Cards‹ haben – und sie nicht scheibchenweise nach und nach bekommen«, da sagte Netflix: »Geht klar, hier sind sie.« Damit ist das Unternehmen überaus erfolgreich. 2015 machte Netflix mit 75 Millionen Abonnenten in über 190 Ländern einen Umsatz von 6,8 Milliarden US-Dollar.

Beispiel: Uber vs. Taxi. Uber bietet per App Mitfahrgelegenheiten in Privatwagen an. Zwar schützt das Personenbeförderungsgesetz die Taxibranche in Deutschland, aber es gibt ja noch viele andere Länder. Uber ist inzwischen weltweit in über 400 Städten vertreten. 2015 schätzte man den Umsatz auf rund zwei Milliarden US-Dollar.

Beispiel: Wikipedia vs. Lexikon. Ach ja, das gute alte Lexikon, es ist Vergangenheit. Wer heute etwas wissen möchte, googelt es. Und landet dabei häufig beim Onlinelexikon Wikipedia. Die von Jimmy Wales gegründete Plattform gilt als die siebthäufigst aufgerufene Website der Welt und bietet in über 37 Millionen Artikeln umfangreiches Wissen an. Gepflegt wird es nicht von Angestellten, sondern von allen, die sich engagieren wollen. Im Prinzip kann jeder bei Wikipedia mitmachen. Die äußerst detaillierten, präzisen und daher meistens auch langen Artikel führen dazu, dass sie von Google sehr gut bewertet und bei den Suchergebnissen weit oben angezeigt werden. Google ist ein entscheidender Faktor für den Aufstieg von Wikipedia. Google belohnt Substanz, Wikipedia liefert sie.

Beispiel: eBay vs. Flohmarkt. Wer heute privat etwas verkaufen möchte, versucht sein Glück nicht mehr auf dem Flohmarkt, sondern auf dem Onlinemarktplatz eBay. Denn hier ist das Publikum deutlich größer, und die Chancen für den Verkauf sind damit höher. »3 ... 2 ... 1 ... meins!«, freuen sich die Käufer, wenn sie bei einer Onlineprivatauktion zum Zug kommen. Das 1995 gegründete Unternehmen erzielte 2015 einen Umsatz von 8,6 Milliarden US-Dollar.

Disruption Schritt für Schritt. Inzwischen dürften Sie ein recht gutes Gefühl dafür entwickelt haben, was mit »Disruption« gemeint ist. Disruption ist auch für unser eigenes Denken eine Herausforderung, weil auch wir in Überzeugungen und Dogmen gefangen sind. Von Kindesbeinen an glauben wir bestimmte Dinge. Dieses Denken gilt es ebenfalls zu hinterfragen.

Lassen Sie uns konkret festhalten, wie man dabei vorgehen kann. Ich habe gelesen, dass TBWA 15 Disruptionsmuster entwickelt hat, zum Beispiel »Asset Built Innovation« und »Usage Based Innovation«.

15 Muster sind mir 14 Muster zu viel. Ich möchte Ihnen nur ein einziges Muster an die Hand geben. Kompliziert verliert, einfach gewinnt.

1. **Was sind die Konventionen im Markt?** Was sind die eingefahrenen Wege? Die heiligen Kühe? Die Dinge, die schon immer so waren? Die Prozesse, die man auf keinen Fall ändern kann? Schreiben Sie sie auf. Noch besser: Skizzieren Sie sie ganz grob und mit wenigen Strichen auf ein Blatt Papier.
2. **Finden Sie heraus, wer die Zielgruppe ist und was sie will.** Tun Sie diese Frage nicht schnell ab. Vielleicht ist Ihre Vorstellung von der Zielgruppe auch nur eine Konvention, die es durcheinanderzuwirbeln gilt. Gibt es vielleicht eine Gruppe, die konventionelle Unternehmen bis jetzt immer übersehen haben? Eine Gruppe, die sie bis jetzt immer links liegen gelassen haben?
3. **Überlegen Sie, wie man das Leben der Zielgruppe noch einfacher, schöner und bequemer machen könnte.** Das ist der Schlüssel zum Erfolg. Denn wer macht Konzepte wie den iTunes Store, Airbnb oder Netflix erfolgreich? Es sind die Konsumenten. Wer sie als Kunden gewinnen möchte, muss ihnen einen klaren Vorteil bieten. Entwickeln Sie eine Vision, die für die Menschen begehrlich ist. Wenn Sie den Konsumenten keinen Vorteil bieten, haben sie auch keinen Grund, ihre Gewohnheiten zu ändern.
4. **Versuchen Sie, eine Idee zu entwickeln, mit der Sie von der Konvention zur Vision gelangen.** Arbeiten Sie dabei mit der Change-Technik, die Sie bei der Abweichen-von-der-Norm-Technik gelernt haben. Betrachten Sie die Konventionen als das, was gegeben ist. Verändern Sie das Gegebene, und überprüfen Sie, ob Sie dadurch der Vision näher kommen oder sich weiter davon entfernen.

DIE ANDERE-PERSPEKTIVE-TECHNIK.

SEHEN SIE DIE AUFGABE MIT ANDEREN AUGEN.

Der Mensch hat viele großartige Eigenschaften, die ihn zu einem begnadeten Erfinder machen. Sich in andere Rollen hineinversetzen zu können ist eine davon. Wenn man ein Problem mit anderen Augen sieht, dann ergeben sich dadurch neue Sichtweisen, Gedanken und Ideen.

Wir haben bereits gesehen, dass Ideen von allen Seiten zu uns kommen können. Zum Beispiel von Kollegen – und sogar von Unbeteiligten. Diesen Gedanken wollen wir mit dieser Technik noch ausführlicher beleuchten.

Die Aufgabe aus Sicht des Beraters. »Die Berater-Lösung« nennt man in Agenturen Vorschläge von Nichtkreativen. Das hat einen negativen Beigeschmack – oft übrigens zu Unrecht, denn auch Berater können exzellente Ideen haben. Damit gemeint ist das Klischee, dass Berater Lösungen anbieten, die richtig sind, aber nicht richtig gut im Sinne von einfallsreich oder überraschend. Die Ideen sind eben sauber auf dem Punkt.
Auch Kreative können davon profitieren, wenn sie sich in einen Berater hineinversetzen. Der große Vorteil ist: Die richtige, langweilige Lösung ist schon mal nicht falsch und bietet den unschätzbaren Vorteil, dass man mitten im Prozess ist, ohne Zeit verloren zu haben.

Wir haben bereits darüber gesprochen: Ein Trick, um schnell anzufangen, ist, einfach die Aufgabe in einem Satz zusammenzufassen und aufzuschreiben.

»NEUE PERSPEKTIVEN
VERHELFEN IHNEN
ZU NEUEN IDEEN.«

Die Berater-Lösung geht in die gleiche Richtung. Auch hier ist man noch weit von einer exzellenten Lösung entfernt – aber das nimmt man ganz bewusst in Kauf. Es geht nur darum, schnell angefangen zu haben, sofort mitten im Kreativprozess zu sein und in die richtige Richtung zu gehen, also nicht das Thema zu verfehlen. Insofern ist es äußerst sinnvoll, sich zu Beginn in einen Berater hineinzuversetzen, der die richtige, langweilige und unkreative Lösung anbietet.
Von diesem soliden Ausgangspunkt aus kann man sich dann langsam zu immer besseren Ideen vorarbeiten. Zudem ist es auch psychologisch beruhigend, schon mal eine Lösung zu haben. Zugegeben: keine brillante Lösung, aber immerhin eine Lösung, die nicht falsch ist. Das gibt ein beruhigendes Gefühl. Wenn alles gut geht, wird dieses Gefühl immer besser, je besser die Ideen sind, die nach und nach dazukommen.

Die Aufgabe aus Sicht eines Idols. Kreative lieben Steve Jobs. Er ist ihr Held, er ist ihr Idol. Auch wenn er leider nicht mehr unter uns ist – in unseren Köpfen, Gedanken und Erinnerungen lebt er weiter. Deshalb kommt auch heute noch gern die Frage: Was würde Steve Jobs tun? Man versetzt sich also in die Perspektive jenes Mannes, den viele für genial, scharfsinnig und höchst intelligent halten. Ein radikaler Vordenker, der sich nicht mit Kompromissen zufriedengegeben und voller Leidenschaft für die beste Lösung gekämpft hat. Wer sich gedanklich in Steve Jobs hineinversetzt, ist nicht größenwahnsinnig, sondern mutig. Greifen Sie nicht nach den naheliegenden Lösungen, sondern nach den Sternen. Aus Steve Jobs' Perspektive müssen Lösungen radikal einfach, klar und nützlich sein. Das – denkt man – sollte eigentlich selbstverständlich sein. Aber die Praxis lehrt uns: Das ist es leider nicht.

Steve Jobs ist nur ein Beispiel. Versetzen Sie sich in das Idol, das Ihnen bei der Lösung am hilfreichsten erscheint. Zum Beispiel in denjenigen, der Sie ausgebildet hat. Oder in einen Kollegen, den Sie für den Besten in der Branche halten.

Es gibt zwei Kriterien für die Wahl des Vorbilds.

1. Es muss fachlich überragend sein und für exzellente Lösungen stehen.
2. Sie müssen sehr gut über das Idol Bescheid wissen, sonst können Sie sich nicht in diese Person hineinversetzen.

Ann Wroe ist Obituaries Editor beim Wirtschaftsmagazin The Economist, verfasst dort also die Nachrufe auf wichtige und/oder interessante Persönlichkeiten. Oft steht sie vor der Aufgabe, etwas über jemanden schreiben zu müssen, den sie nie getroffen hat. Sie muss diese Person charakterisieren. Dazu sucht sie unter anderem auf YouTube nach Videoaufnahmen der Person. Sie möchte herausfinden, wie sich die Person bewegte, wie ihre Stimme klang, wie es wirkte, wenn sie einen Raum betrat. Dieses Vorgehen kann ich nur empfehlen. Wer etwa »Steve Jobs« bei YouTube eingibt, bekommt zahlreiche Möglichkeiten, den Meister zu studieren. Kurzum: Bevor man die Perspektive von jemandem einnehmen kann, muss man ihn oder sie erst einmal genau kennen.

Die Aufgabe aus Sicht der Zielgruppe. Es ist sehr wichtig, bei der Ideenfindung immer die Zielgruppe des Produkts vor Augen zu haben. Dabei helfen Ihnen vielleicht folgende Fragen.

- Was möchte die Zielgruppe?
- Was beschäftigt sie?
- Was denkt sie?
- Und: Wie kann die Lösung dazu beitragen, ihr das zu geben, was sie will?

- Wie kann die Lösung dazu beitragen, das Leben der Zielgruppe zu bereichern?
- Wie kann die Lösung zu einer Art Geschenk für die Zielgruppe werden, die sie gerne annimmt? Solche Fragen lassen die Aufgabe oft in einem anderen Licht erscheinen.

Ich empfehle, die Informationen über die Zielgruppe auf einen exemplarischen Vertreter dieser Gruppe zu reduzieren. Sie müssen eine Person vor Augen haben, wenn es um die Zielgruppe geht. Geben Sie diesem typischen Vertreter der Zielgruppe einen Namen. Erfinden Sie einen passenden Beruf, einen entsprechenden Hintergrund, Eigenschaften, Gedanken, Ansichten – kurzum: Erwecken Sie diese Person gedanklich zum Leben. Googeln Sie nach entsprechenden Menschen, um auch visuell ein Bild im Kopf zu haben. Unterhalten Sie sich mit der Person. Fragen Sie ihn oder sie, was er beziehungsweise sie von der Aufgabe hält. Tipp: Überlegen Sie sich auch kleine Schwächen und Eigenheiten. Sie machen uns zu Menschen.
Zielgruppen-Vertreter (man spricht von einer »Persona«), die perfekt sind, wirken nicht realistisch. Aber genau darum geht es. Erst wenn Sie das Gefühl haben, einen echten Charakter erschaffen zu haben, macht es Sinn, sich mit der Person auszutauschen und die Dinge mit seinen Augen zu sehen.

Die Aufgabe aus Sicht des Produkts. Was kann einem ein Kinderwagen, ein Abgasrückführungsventil oder ein Päckchen Kaffeepulver schon sagen? Eine ganze Menge! Hören Sie doch mal zu.

Hören Sie das? Hören Sie, wie das Kaffeepulver fragt, warum ihm der Kaffeeweißer in seiner Packung nicht Gesellschaft leistet? Warum er hier die ganze Zeit in vollkommener Dunkelheit in seiner Packung

»DAS PRODUKT HAT EINE WICHTIGE STIMME. WENN SIE DEM PRODUKT ZUHÖREN UND ES ERZÄHLEN LASSEN, DANN HÖREN SIE SIE.«

alleine warten muss? Wo er am Ende doch eh auf den Kaffeeweißer trifft. Warum kann man die beiden nicht gleich zusammen verpacken? Die Entwickler von »Jacobs« etwa haben hingehört und »Jacobs 2 in 1« auf den Markt gebracht. Das sind kleine Tütchen mit Bohnenkaffeepulver und Kaffeeweißer in einem.

Das kommt davon, wenn man ein Ohr für die Produkte hat. Sie sind das Kernstück von allem, die Hauptperson, um die sich alles dreht. Es macht also Sinn, sich genau mit ihnen zu beschäftigen und sich auch gedanklich in sie hineinzuversetzen.
Was würde das Produkt sagen, wenn es sprechen könnte? Was denkt es, was fühlt es? Wie war es früher, wie ist es heute? Hat es vielleicht eine Idee beizusteuern, wie es noch besser werden kann?

Die Aufgabe aus Sicht des Auftraggebers. Wie sieht die Marketingabteilung den neuen BMW 7er? Was denken die Designer, was sprechen die Ingenieure, wie positioniert sich die Strategieabteilung, was meint der Vorstand? In jedem Unternehmen gibt es viele verschiedene Sichtweisen und oft auch Meinungen. Es ist interessant, die Aufgabe aus Sicht der einzelnen Abteilungen zu betrachten.

Die Aufgabe aus Sicht der Konkurrenz. Nehmen wir an, Sie sollen ein Computerspiel entwickeln. Dann könnten Sie sich in die Konkurrenz hineinversetzen und überlegen, bei welcher Art von Spiel sich die Konkurrenz die Haare raufen würde.
- Was würde die anderen Unternehmen wütend machen?
- Was würde sie rasend machen vor Eifersucht, dass sie nicht selbst auf diese Idee gekommen sind?
- Welches Konzept würde bei den Mibewerbern ganz sicher zu Tobsuchtsanfällen führen?

Schon der Gedanke an die Gefühlsausbrüche macht Spaß. Überlegen Sie sich, welche Idee den Chef der Konkurrenz dazu bringen würde, seinen Stuhl durch den Raum zu werfen und seinen Computer zu zertrümmern.

Zusammengefasst: Die Andere-Perspektive-Technik.

- Betrachten Sie die Aufgabe aus einer anderen Perspektive. Versetzen Sie sich gedanklich in eine andere Person hinein, und sehen Sie das Problem mit ihren Augen.
- Überlegen Sie, wie die Lösung aus der Perspektive eines Beraters aussehen könnte. Finden Sie eine Antwort, die im Sinne des Briefings richtig und auf dem Punkt ist, aber nicht zwingend einfallsreich sein muss. Wenn Sie so eine Lösung haben, ist das ein guter Ausgangspunkt, um weiterzudenken.
- Wie würde Ihr Idol die Aufgabe lösen? Was würde zum Beispiel Steve Jobs tun?
- Denken Sie darüber nach, auf welche Weise die Lösung einem typischen Vertreter der Zielgruppe das Leben angenehmer machen könnte. Was wünscht sich die Zielgruppe?
- Tun Sie so, als sei das Produkt ein Mensch. Versetzen Sie sich in seine Perspektive, und betrachten Sie das Problem erneut.
- Betrachten Sie die Aufgabe aus der Sicht Ihres Auftraggebers. Ist es eine einheitliche Sicht, oder betrachten die Abteilungen die Sache unterschiedlich?
- Wie erscheint das Problem aus dem Blickwinkel der Konkurrenz? Welche Lösung würde die Konkurrenz zu einem Wutanfall veranlassen?

DIE »WAS WÄRE, WENN …«-TECHNIK.

ENTWICKELN SIE EINE ANDERE REALITÄT.

Ideen auszudenken ist nichts anderes, als den Status quo gedanklich zu verändern. Sie entwerfen eine alternative Realität. Eine Welt, in der es Ihre jeweilige Idee gibt. Malen Sie sich aus, was passieren würde, wenn eine bestimmte Annahme eintreffen würde. Um das zu stimulieren, ist die Frage »Was wäre, wenn …?« hilfreich. Sie ist die Brücke vom Status quo in die alternative Realität.

Sie können auch den Satzanfang »Es wäre schön, wenn …« vervollständigen, dann bewegen Sie sich gedanklich auf eine Realität zu, die den Status quo positiv verändert. Die Frage »Was wäre, wenn …?« hat dagegen den Vorteil, dass sie die Fantasie stärker reizt und noch mehr zum Träumen anregt. Probieren Sie beide Varianten aus, und nutzen Sie die Phrase, mit der Sie besser arbeiten können.

Beispiele: eine alternative Realität entwickeln. Einige Beispiele sollen veranschaulichen, wie mächtig die »Was wäre, wenn …«-Methode ist.

- Was wäre, wenn ich nicht nur mit der Kreditkarte oder Bargeld bezahlen könnte, sondern auch mit meinem Handy?
- Was wäre, wenn ich mit meiner Uhr bezahlen könnte?
- Was wäre, wenn ich keine vorgefertigte Müsli-Mischung aus dem Supermarkt kaufen müsste, sondern mir online individuell meine eigene Mischung zusammenstellen könnte, die ich dann per Post erhalte?
- Was wäre, wenn ich mein Paket nicht vom Paketboten bekomme, sondern von einer automatischen superschnellen Drohne?

- Was wäre, wenn ich kein Handy hätte, sondern einen intelligenten Supercomputer, den ich per Sprache steuern kann?
- Es wäre schön, wenn ich eine Handy-App hätte, die meine Sprache in jede Fremdsprache übersetzt, die ich will.
- Es wäre schön, wenn es für Weihnachtsbäume einen Ständer gäbe, der den Baum automatisch waagerecht ausrichtet.
- Es wäre schön, wenn ich die Batterie meines Handys über Wellen aufladen könnte, die durch die Luft übertragen werden.

Übung: Was müsste mal erfunden werden? Machen Sie eine kleine Übung. Beginnen Sie einige Sätze mit »Es wäre schön, wenn ...«, und vervollständigen Sie sie. Überlegen Sie sich einfach, wie man die Welt von heute positiv verändern könnte. Denken Sie an Ihr eigenes Leben. Was müsste sich ändern, damit Sie noch glücklicher wären? Was müsste anders sein, damit Ihr Alltag noch einfacher und komfortabler wäre?

Zusammengefasst: Die »Was wäre, wenn ...«-Technik.

- Machen Sie sich kurz bewusst, dass gedanklich auch das Unmögliche möglich ist. Alle Überlegungen sind erlaubt. Es sind ja nur Gedankenspiele.
- Wählen Sie als Ausgangpunkt die Frage: Wie könnte man das Leben der Zielgruppe noch angenehmer, schöner oder bequemer machen? Vervollständigen Sie den Satz »Es wäre schön, wenn ...«.
- Überlegen Sie, wie man den Status quo ändern müsste, um dieses Ziel zu erreichen. Wie würde die neue Realität aussehen, in der es die Zielgruppe besser hat? Auf welche Weise würde diese Verbesserung realisiert werden können? Fragen Sie sich: Was wäre, wenn ...?

DIE WALT-DISNEY-TECHNIK.
SEIEN SIE TRÄUMER, REALIST UND KRITIKER.

Diese Technik ist eine Weiterentwicklung der Andere-Perspektive-Technik. Es geht im Wesentlichen darum, ein Problem aus drei Perspektiven zu betrachten und zu diskutieren.
Die Methode geht zurück auf Walt Disney, von dem Zeitgenossen berichten, dass er ein Anhänger davon war, sich zur Lösung eines Problems in einen Träumer, einen Realisten und einen Kritiker hineinzuversetzen. Zum Beispiel sagte Robert B. Dilts, auf den diese Methode zurückgehen soll: »There were actually three different Walts: the dreamer, the realist, and the spoiler.«
Man kann die Walt-Disney-Technik allein oder zu dritt anwenden. Dazu stellt man in einem Kreis drei Stühle auf.

Auf dem ersten Stuhl sitzt der Träumer. Der Träumer hängt enthusiastisch seiner Fantasie nach und entwickelt Visionen, Gedanken und Ideen. Er ist subjektiv eingestellt. Seine zentrale Aufgabe ist es, den anderen seine Gedanken mitzuteilen, herumzuspinnen und querzudenken. Leitfragen, die ihn zum Sprudeln bringen, können zum Beispiel sein:
- »Was wäre, wenn ...?«
- »Warum nicht dieses und jenes tun?«
- »Wie können wir dazu beitragen, das Leben des Konsumenten noch einfacher und schöner zu gestalten?«

Mit Kritik, Selbstreflexion oder Analysen hat er sich zurückzuhalten. Das ist nicht seine Rolle. Wenn man die Walt-Disney-Methode mit drei Personen durchführt, macht es Sinn, die Rolle des Träumers mit jemandem zu besetzen, der extrovertiert und mitteilsam ist. Eine introvertierte graue Maus, die kaum den Mund aufmacht, wird sich in dieser Rolle kaum wohlfühlen. Um auch nach außen klarzumachen, dass die Person der Träumer ist, kann er oder sie ein großes Namensschild mit der Aufschrift »Träumer« tragen. Edward de Bono schlägt einen gelben oder grünen Hut vor. Eine hübsche Vorstellung, wenn man denn so einen Hut zur Hand hat.

Auf dem nächsten Stuhl sitzt der Realist. Seine Aufgabe ist es, den praktischen Standpunkt einzunehmen und konstruktiv zu überlegen, wie man eine Idee konkret umsetzen könnte. Er soll nicht versuchen, Ideen und Visionen des Träumers kaputtzureden, sondern mit einer positiven Einstellung an die Gedanken herangehen. Sollte eine Idee jedoch unrealistisch sein, ist es die Aufgabe des Realisten, eben genau das festzustellen. Leitfragen können sein:
- Wie kriegen wir das hin?
- Wie können wir die notwendigen Voraussetzungen dafür schaffen?
- Was sind überhaupt die notwendigen Voraussetzungen?
- Wie müssten wir die Prozesse gestalten?
- Ist das realistisch, oder ist es nicht machbar?

In Edward de Bonos Farbschema ist er der Farblose, er bekommt keinen farbigen Hut.

Auf dem dritten Stuhl nimmt der Kritiker Platz. Er soll nicht alles schlecht finden und in Grund und Boden reden, sondern wie der Realist den Vorschlägen grundsätzlich positiv und wohlwollend gegenüberstehen. Aber als Qualitätsmanager muss er auch ehrlich sein und auf Schwachpunkte sowie mögliche Probleme und Fehlerquellen hinweisen. Es geht um konstruktive Kritik. In de Bonos Farbschema trägt der Kritiker den schwarzen Hut.

Leitfragen können sein:

- An welcher Stelle und von welcher Seite kann es bei dieser Idee zu Problemen kommen?
- Wo liegen die Schwachstellen?

Der Kritiker kann nicht nur sich selbst Fragen stellen, sondern auch den anderen. Zudem kann er alle Aussagen aller Personen kritisch hinterfragen.

Da jeder in seiner Rolle steckt und seine Perspektive hat, ist es schwierig zu bewerten, ob die Idee nun gut ist oder nicht. Deshalb macht es Sinn, eine vierte Position einzuführen: die des neutralen Beobachters und Beraters. Er sitzt auf einem vierten Stuhl und nimmt die Rolle eines neutralen Unbeteiligten ein. Für ihn ist ein weißer oder blauer Hut vorgesehen. Der neutrale Beobachter kann zu Beginn die Situation aus seiner unbeteiligten Sicht darstellen und analysieren.

Führt man die Technik allein durch, kann man entweder gedanklich die Rollen wechseln oder sich tatsächlich auf jeweils einen beschrifteten Stuhl setzen. Beginnen Sie mit der neutralen Position, und analysieren Sie das Problem. Wechseln Sie dann in die Perspektive des Träumers, und überlegen Sie: »Was wäre, wenn …?« Nun bewerten Sie diese Gedanken aus der Sicht des Realisten: Wie kann man das umsetzen? Ist das überhaupt machbar? Sehen Sie das Ganze nun mit den Augen des Kritikers: Funktioniert das? Wo erkennen Sie Probleme und Schwachstellen? Nehmen Sie nun wieder die Position des neutralen Beobachters und Beraters ein. Läuft die Diskussion gut? Ist das bisherige Ergebnis vielversprechend? Falls nicht, beginnt die Runde von vorne – und zwar so lange, bis eine Idee im Raum steht, die aus jeder Perspektive Zustimmung findet.

Zusammengefasst: Die Walt-Disney-Technik.

Mit der Walt-Disney-Technik generiert man Ideen und klopft sie gleichzeitig auf ihre Umsetzbarkeit und auf mögliche Probleme sowie Fehlerquellen ab. Vier Personen arbeiten zusammen und bringen jeweils ihre Perspektive und ihre Eigenschaften ein:

- Der Träumer liefert Visionen, Gedanken und Ideen.
- Der Realist überlegt, wie man die Ideen umsetzen könnte.
- Der Kritiker hat Probleme und Fehlerquellen im Blick.
- Der neutrale Beobachter bewertet und berät.

Zitate zur Walt-Disney-Technik.

»Alle Träume können wahr werden, wenn wir den Mut haben, ihnen zu folgen« – Walt Disney

»Es macht Spaß, das Unmögliche zu tun.« – Walt Disney

»Wenn du es dir vorstellen kannst, kannst du es auch machen.« – Walt Disney

»Ich mache keine Filme nur für Kinder. Ich mache sie für das Kind in jedem von uns, sei es sechs oder sechzig Jahre alt.« – Walt Disney

»Alles, was wir brauchen, ist Glauben, Vertrauen und Feenstaub.« – Peter Pan

»Lass die Dinge los, die du nicht ändern kannst, und konzentriere dich auf das, was du tun kannst.« – Ratatouille, ein Walt-Disney-Film

Beispiel: Jacobs »2 in 1«-Kaffee. Nehmen wir die bereits vorhin angesprochene Idee von Jacobs, einen »2 in 1«-Kaffee anzubieten, bei dem nicht nur Kaffeepulver im Tütchen ist, sondern auch gleich der Kaffeeweißer dazu. Ich möchte hier etwas ausholen und Ihnen ein Szenario beschreiben, das die Vorzüge der Walt-Disney-Methode deutlich machen soll. Das beschriebene Szenario ist rein fiktiv, ich habe keinerlei Einblick in die Entstehungsgeschichte der Idee und mit Jacobs bis jetzt keinen Berührungspunkt gehabt – abgesehen davon, dass ich mir das Produkt tatsächlich einmal gekauft habe.

Wir befinden uns in einem großen, modernen und lichtdurchfluteten Konferenzraum. Es riecht – wie könnte es anders sein – nach leckerem Kaffee. In der Mitte des Raumes sitzen zwei Frauen und zwei Männer auf Stühlen in einem Kreis einander zugewandt.
»Also, liebe Leute«, beginnt ein Mann, »Herzlich willkommen zum Ideen-Workshop! Wir wollen heute nach der Walt-Disney-Technik vorgehen. Jeder von euch nimmt eine Rolle ein. Silvia ist die Träumerin, Stephan der Realist, Doris die Kritikerin und ich, Marc, bin der neutrale Beobachter. Zunächst noch einmal ganz kurz zusammengefasst die Situation, in der wir uns befinden: Ja, wir haben ein erstklassiges Produkt. Unser Kaffee schmeckt exzellent, wir haben eine starke und bekannte Marke. So weit, so gut. Aber die Konkurrenz schläft nicht, und wir wollen heute darüber nachdenken, wie wir uns mit innovativen Produktideen von der Konkurrenz absetzen können. Okay, ist allen der Prozess der Walt-Disney-Methode klar?«
Alle nicken.

»Jap, alles klar«, sagt Silvia. »Als Träumerin schieße ich einfach mal los, was mir gerade so einfällt. Momentchen ...« Sie holt einen Zettel aus der Hosentasche. »Ich hab mir einen kleinen Spickzettel geschrieben«, erklärt sie und wirft lächelnd einen Blick darauf. »Okay, hier habe ich als Leitfrage notiert: Wie können wir dazu beitragen, das Leben des Konsumenten noch einfacher und schöner zu gestalten?« Sie überlegt einen Moment. »Anders gefragt: Was will der Konsument? Was bringt eine Tasse Kaffee? Also, für mich ist eine Tasse Kaffee ein Ritual, um mich zu entspannen. Es geht also um Ruhe, darum, zu sich selbst zu kommen, sich einen Moment Zeit für sich selbst zu nehmen. Könnten wir das Leben des Kunden nicht dadurch verbessern, dass wir irgendetwas beilegen, mit dem er sich noch mehr entspannen kann? Zum Beispiel drucken wir eine einfache Yogaübung auf die Verpackung. Oder wir legen Oropax bei. Oder wir legen eine kleine Dose Kaffeesahne dazu, dann hat er gleich beides in einem. Was meint ihr?«

Silvia sieht Marc fragend an.
»Sorry«, meint Marc und macht eine abwehrende Handbewegung, »Ich bin der neutrale Beobachter, ich glaube, das sollte lieber der Realist beurteilen. Was meinst du, Stephan? Ist das realistisch? Wie kriegen wir's hin?«
»Also, erst einmal finde ich die Denkrichtung gut, dass wir überlegen, wie wir das Leben des Konsumenten verbessern können. Das ist genau die richtige Frage. Einen Zusatznutzen finde ich wunderbar. So eine Yogaübung auf die Verpackung zu drucken ist absolut machbar. Ein Grafiker macht uns zwei, drei Bilder, und wir schreiben eine kurze, simple Anleitung darunter – fertig. Die Idee mit dem Oropax – ich weiß jetzt nicht, ob das ernst gemeint war, aber ich nehm jetzt mal jede Idee ernst, ist ja meine Rolle, nicht wahr? Also, das müsste im Prinzip auch gehen. Wir könnten die Oropax-Teile in die Verpackung mit den Kaffeesticks stecken. Die nehmen ja kaum Platz weg und sind leicht.«

»Aber umsonst gibt's die nicht, die Oropax«, wirft Kritikerin Doris ein. »Die müssten wir extern einkaufen. Müsste man mal kalkulieren lassen, was das kostet. Das käme dann auf den Verkaufspreis on top. Die Frage ist dann, ob der Konsument wirklich bereit dazu ist, ein paar Cent mehr zu zahlen, um Oropax mit einzukaufen. Sehe ich eher kritisch. Auch die These, mit einer Tasse Kaffee würde man sich gern entspannen, ist mir eigentlich zu einseitig. Man kann Kaffee auch trinken, um sich eben nicht zu entspannen, um sich wach und konzentriert in die Arbeit zu stürzen.«

»Okay, aber lasst uns die Ideen zu Ende besprechen«, sagt Marc, der neutrale Beobachter.

»Gut«, nickt Stephan, »die dritte Idee, die mit der kleinen Dose Kaffeesahne ... Tja, wie krieg ich das hin?« Er legt die Stirn in Falten und hält sich die Hand nachdenklich über den Mund. »Als Dose ist das schwer miteinander zu verheiraten. Ich meine: Machen kann man das alles. Die Frage ist doch: Was kostet uns der Spaß. Viel einfacher von der Verpackung her wäre es, wenn es keine Dose Kaffeesahne ist, sondern Kaffeeweißer, also Pulver. Dann haben wir zwei Pulver, das ist einfacher für uns.« – »Haben wir das im Haus?«, hakt Doris nach. »Stellen wir Kaffeeweißer her? Falls nicht, müssten wir es extern beziehen, und der Preis würde steigen.«

»Aber, Leute, das ist doch eine echt starke Produktidee!«, meint Silvia euphorisch. »Der Kunde bekommt unser Kaffeepulver gleich mit dem passenden Kaffeeweißer. Einem, der geschmacklich perfekt zum Pulver passt.«

»Stimmt, das ist schon ganz cool«, meint Stephan. »Noch günstiger und einfacher wird's in der Umsetzung, wenn wir beide Pulver zusammen in einen Stick geben. Also nicht getrennt, den Kaffee in eine

Tüte und den Weißer in eine andere Tüte, sondern beides zusammen in einen Stick. Versteht ihr, was ich meine?«
»So eine 2-in-1-Lösung, richtig?«, fragt Silvia.
»Ja, genau«, bestätigt Stephan. »Das könnte ich mir von der Umsetzung ganz gut vorstellen.«

»Siehst du da irgendwelche Probleme, Doris?«, fragt Marc.
Doris überlegt einen Moment. Dann meint sie: »Na ja, wie gesagt: Wenn wir den Weißer von extern beziehen, dann wird wohl der Preis des Produkts steigen. Ich finde das ja an sich eine sinnvolle Sache. Wir machen es dem Kunden noch einfacher, unseren Kaffee zu genießen. Und geben ihm den idealen Kaffeeweißer, mit dem der Kaffee am besten schmeckt. Schon schlüssig, würde ich sagen. Ein Problem könnte noch sein, wenn der Kaffeeweißer nicht so lange haltbar ist wie das Kaffeepulver. Sonst sehe ich jetzt spontan keine Probleme. Wäre halt ein neues Produkt. Wir müssten jetzt auch mal recherchieren, ob es das schon gibt. Und wenn es das schon gibt, ob jemand die Rechte dafür hat. Wenn wir die Rechte nicht bekommen, dann geht's natürlich nicht, klar.«

Stephan reibt sich nachdenklich das Kinn. »So, jetzt spiele ich wieder den neutralen Beobachter. Ich denke, die 2-in-1-Idee sollten wir mal auf die Shortlist nehmen und aufschreiben.« Er steht auf und macht auf einem Flipchart eine Notiz. »Das ist eine Idee, die dem Kunden wirklich etwas bringt. Die Punkte von Doris finde ich alle gut, das müssen wir einfach alles sauber abklären, wenn wir mit der Idee weitermachen sollten.« Er schaut auf die Uhr.
»Schön, das war die erste Runde. Lief doch gar nicht so schlecht. Was meint ihr? Kleine Kaffeepause?«

DIE ZEITDRUCK-TECHNIK.
LOS, LOS, LOS!

Bei dieser Technik geht es darum, sich einen künstlichen Zeitdruck aufzubauen. Tun Sie so, als wäre der Abgabetermin für die Idee nicht in einer Woche, sondern morgen. Oder noch extremer: in einer Stunde. Achten Sie darauf, sich nicht aus falschem Ehrgeiz zu wenig Zeit zu geben. Wie sagt Cinderella doch so schön: »Auch Wunder brauchen ein bisschen Zeit.« Sie werden erstaunt sein, was dann alles möglich ist. In diesem Fall nutzt man den entstehenden Druck, um sich ordentlich Feuer unter dem Hintern zu machen. Dabei hat man im Hinterkopf das beruhigende Gefühl, dass man ja noch Zeit hätte, wenn man die Nuss nicht knacken sollte.

Wie wirksam die Zeitdruck-Technik ist, musste ein Entwickler bei Apple erfahren – allerdings ohne das beruhigende Gefühl, eigentlich viel mehr Zeit zu haben, denn der Zeitdruck war echt. Apple-Ingenieur Greg Christie berichtete, dass die Entwickler schon eine ganze Weile daran arbeiteten, ein revolutionäres Konzept hervorzubringen, als Steve Jobs plötzlich die Geduld verlor. Er stellte dem Team ein Ultimatum: Sollten sie nicht innerhalb von zwei Wochen ein bahnbrechendes Konzept vorstellen können, würde er ein anderes Team an die Aufgabe setzen. Nach zwei Wochen war das iPhone erfunden.

Die Eine-Stunde-Vollgas-Technik – das bessere Brainstorming. Diese Technik habe ich bei Jung von Matt gelernt und kann sie nur wärmstens empfehlen. Gleich nach dem Briefing zieht sich das Team in einen Raum zurück und macht sich mit Feuereifer daran, das Problem zu lösen. Jeder schießt mit Ideen um sich, die stichpunktartig notiert werden. Das Motto heißt »Eine Stunde Vollgas«.

Man kann auch von einer Art Highspeed-Brainstorming sprechen. Es gibt aber einige wesentliche Unterschiede zum konventionellen Brainstorming, das auf Alex Osborn zurückgeht, Mitgründer der Werbeagentur BBDO (»O« wie Osborn). Er veröffentlichte 1948 ein Buch, mit dem er die Methode bekannt machte. Inzwischen haben zahlreiche empirische Untersuchungen gezeigt, dass das Brainstorming in dieser Form keine effiziente Methode ist, um auf Ideen zu kommen. Bereits 1958 hat eine Studie an der Universität Yale herausgefunden, dass Brainstorming in Gruppen kaum etwas bringt. Je größer der Kreis der Teilnehmer, desto schwächer das Ergebnis. Die Technik, so die Studie, würde auch eher zu gewöhnlichen Ideen führen, weil sich die Teilnehmer nicht mit verrückten Ideen vor ihren Kollegen blamieren wollen. Auch sei es wenig hilfreich, jede Kritik zu verbieten.

Aus diesen Gründen muss die Eine-Stunde-Vollgas-Technik anders ablaufen.

Meiner Erfahrung nach macht es Sinn, den Kreis der Teilnehmer klein zu halten. Drei, vier oder fünf Teilnehmer sind gute Rahmenbedingungen. Sechs Teilnehmer sind zu viel, daraus bildet man besser zwei Dreiergruppen.

Wichtig bei der Durchführung ist, dass die Atmosphäre positiv ist. Dem Team muss klar sein, dass alle im selben Boot sitzen und es nicht darum geht, eigene Ideen durchzudrücken und die Ideen von anderen abzuschmettern. Jeder muss positiv an die Sache herangehen.

Trotzdem ist es erlaubt – im Gegensatz zum Brainstorming –, auch gleich Kritik zu äußern oder auf Probleme hinzuweisen. Der Zeitdruck sorgt dafür, dass man sich allzu höfliches Vorgehen und diplomatische Zweifel nicht leisten kann. Es muss erlaubt sein, sofort sachlich sagen zu dürfen, was gegen eine Idee spricht. Im besten Fall kommt man dann gemeinsam auf einen Weg, der dieses Problem berücksichtigt.

Die Sache ist einfach: Man hat ein Problem und gemeinsam nur eine einzige Stunde Zeit, es zu lösen. Wichtig dabei: Glauben Sie an den vermeintlichen Zeitdruck, und nehmen Sie ihn ernst.

Zahlreiche positive Effekte. Der selbst erzeugte extreme Zeitdruck hat eine ganze Reihe von Vorteilen: Der Kreative ist gezwungen, sofort loszulegen, jede Minute zählt. Er hat keine Zeit, auch nur einen Gedanken an eine Ablenkung wie einen Besuch bei Facebook zu verschwenden, die Zeit ist einfach zu knapp. Das Gehirn wird in einen dringenden Alarmzustand versetzt. Schluss mit lustig, jetzt muss eine Idee her! Der Zeitdruck zwingt Sie dazu, sich ganz auf die Aufgabe zu konzentrieren.

Das Ganze ist vergleichbar mit einem DTM-Rennwagen, in dem man auf dem Beifahrersitz Platz nimmt. Am Steuer sitzt sozusagen der Prozess, der einen ganz automatisch in einen besonderen Zustand katapultiert. Man ist wach, aufmerksam, konzentriert. Mit einem Wort: leistungsfähig – beste Voraussetzungen für eine gute Idee.

Wir haben einige kritische Punkte zur klassischen Brainstorming-Technik gehört. Einen positiven Effekt hat Brainstorming möchte ich aber nicht verschweigen: Die Methode fördert das soziale Klima in der Gruppe. Man hat sich gemeinsam hingesetzt und zusammen etwas auf die Beine gestellt – wunderbar. Das ist Balsam für die Seele der Gruppe. Leider bleibt es oft bei diesem Wunsch, wenn man die Methode ganz konventionell anwendet.

Ein guter Trick, wenn Sie nicht motiviert sind. Gerade dann, wenn Sie eigentlich keine Lust haben, sich etwas auszudenken, ist diese Methode hervorragend geeignet, um den inneren Schweinehund auszutricksen. Denken Sie sich in diesem Fall: Ja, zugegeben, ich habe eigentlich gar keine Lust auf das Briefing. Aber ich mache es mir leicht: Ich gebe eine Stunde richtig Gas. Nur eine einzige Stunde – dann habe ich die nervige Aufgabe gelöst und kann sie abhaken. Das ist viel schlauer, als wenn Sie die unangenehme Aufgabe ewig vor sich herschieben und dabei immer ein schlechtes Gewissen haben, weil Sie die Aufgabe noch nicht angegangen sind. Sie beißen eine Stunde in den sauren Apfel – und haben die Sache vom Tisch.

Wenn Sie sich mit diesem Trick dazu überredet haben, loszulegen, kann es gut sein, dass Sie beim Ausdenken auf eine tolle Idee kommen und wieder Feuer fangen. Dann hat sich die Technik gleich doppelt gelohnt: Sie hatten bereits eine gute Idee und wieder Lust, sich etwas einfallen zu lassen.

Zusammengefasst: Die Eine-Stunde-Vollgas-Technik.

- Das Team soll möglichst klein sein (3 bis 5 Personen).
- Die Gruppe wird gebrieft.
- Gleich nach dem Briefing setzt sich das Team in einem Raum zusammen.
- Jeder ist aufgefordert, innerhalb einer einzigen Stunde so viele gute Ideen auszudenken, wie er nur kann.
- Die Grundstimmung muss positiv sein: Lasst uns alle gemeinsam das Problem in dieser einen Stunde lösen.
- Man kann während des Ausdenkens sachlich zu einzelnen Ideen Kritik äußern, auf Probleme hinweisen und Verbesserungsvorschläge einbringen.
- Einer schreibt die Ideen stichpunktartig mit.
- Am Ende bespricht man kritisch das Ergebnis.

Alternative Zeitdruck-Techniken. Sie haben nun das Grundprinzip der Zeitdruck-Technik kennengelernt. Dieses Prinzip kann man ausgestalten, wie man möchte. Ein weiteres Beispiel soll das illustrieren. Als ich als junger Texter und Konzeptioner zur Werbeagentur Rempen & Partner kam, lernte ich das Zeitdruck-Prinzip folgendermaßen kennen. Der Kreativchef forderte mich manchmal zu einem kleinen Wettbewerb heraus. Er gab zum Beispiel uns beiden 30 Minuten, um eine »Copy« für eine Anzeige, also einen Werbetext zu schreiben. Er schrieb eine Copy, ich schrieb eine Copy. Er hatte 30 Minuten, ich hatte 30 Minuten. Ich fand diese Herangehensweise sehr spannend und inspirierend. Das hat richtig Spaß gemacht!

DIE FLOW-TECHNIK.

KOMMEN SIE IN DEN IDEENFLUSS.

Im Flugzeug gibt es einen Autopiloten, der den Piloten das Leben deutlich einfacher macht. Beim kreativen Prozess gibt es auch so eine Art Autopilot, der Sie auf wunderbare Weise ans Ziel bringt. Während der Pilot im Flugzeug regelmäßig die Instrumente kontrollieren muss, haben Sie es einfacher: Sie müssen den Autopiloten nur regelmäßig an das Ziel erinnern.

Vielleicht ahnen Sie es bereits: Der Autopilot ist Ihr Gehirn. Bei dieser Technik geht es darum, seine Aufmerksamkeit auf die Aufgabe zu lenken, dann loszulassen, zu assoziieren, zu fantasieren, zu spinnen, querzudenken – und dann nach einer Weile die Aufmerksamkeit wieder sanft auf das Problem zurückzuführen, wenn man gedanklich zu weit abschweift. Es geht darum, den freien Fluss der Gedanken zu nutzen, um auf Ideen zu kommen.

Sehr passend zu diesem Thema ist ein Zitat von John Hegarty, der Werbelegende der Agentur BBH: »I think great ideas come when you feel things flowing.«

Ist man erst einmal im »Flow« versunken, geht alles wie von selbst. Assoziieren, fantasieren, herumspinnen – das ist etwas, was jeder Mensch kann, wenn er es sich selbst erlaubt.
Kinder können es hervorragend, weil sie noch keine inneren Barrieren im Kopf hochgezogen haben. Je älter man wird, desto »vernünftiger« glaubt man sein zu müssen.
Kreative Menschen haben sich von dieser Konvention wesentlich weniger blockieren lassen als andere. Sie hatten nicht das Gefühl, als Erwachsene »vernünftig« und »seriös« sein zu müssen, und sind sozusagen immer ein bisschen Kind geblieben.

Kann es wirklich so einfach sein? Viele Menschen wollen das nicht glauben und weigern sich regelrecht, es selbst auszuprobieren. Lieber halten sie ihren ewigen Abwehrschild hoch und behaupten steif und fest, nicht kreativ zu sein und keine Ideen zu haben.
Nichts könnte unzutreffender sein als dieser Irrglaube. Gerade bei dieser Technik wird deutlich, dass Einfallsreichtum eine Eigenschaft ist, die so gut wie in jedem Menschen steckt.

Sicher: Ganz von allein geht es auch bei dieser Technik nicht. Die erste Hürde ist auch hier, tatsächlich anzufangen. Die zweite Hürde gerade bei diesem Vorgehen ist, die Gedanken immer wieder zum Problem zurückzuleiten. Sehen wir uns zunächst den Gesamtprozess an, um dann auf die einzelnen Details einzugehen.

Zusammengefasst: Die Flow-Technik.

Jeder Mensch hat einen Supercomputer im Kopf: das Gehirn. Bei der Flow-Technik lässt man diesen Computer einfach machen. Man füttert ihn mit einer Aufgabe und gibt ihm immer wieder neue Impulse – bis er Ideen ausspuckt, die man gut findet. Danke, Supercomputer.

- Erster Schritt: Entspannen Sie sich, lehnen Sie sich zurück.
- Zweiter Schritt: Nehmen Sie einen Stift und ein Blatt Papier zur Hand, um Ihre Gedanken zu visualisieren.
- Dritter Schritt: Schreiben Sie die Aufgabe in einem einzigen Satz auf. Fertigen Sie eine grobe Skizze an, die die Aufgabe darstellt.
- Vierter Schritt: Schalten Sie auf Autopilot, und lassen Sie Ihr Gehirn übernehmen. Assoziieren Sie. Träumen Sie. Spielen Sie mit den Worten im Briefingsatz. Verändern Sie die Worte. Betrachten Sie das Problem aus verschiedenen Perspektiven (Andere-Perspektiven-Technik), denken Sie quer, schreiben Sie Wortfelder auf. Arbeiten Sie mit groben Skizzen, um Gedanken zu visualisieren. Halten Sie interessante Gedanken mit Stichwörtern fest.
- Fünfter Schritt: Überprüfen Sie von Zeit zu Zeit, ob Sie mit Ihrer Aufmerksamkeit noch beim Briefing oder schon abgeschweift sind. Führen Sie Ihre Aufmerksamkeit wieder auf das Problem zurück.

Assoziieren. Lassen Sie uns nun die wichtigsten Schritte näher unter die Lupe nehmen.

Im dritten Schritt fokussieren Sie sich und bringen die Aufgabe auf den Punkt. Ich empfehle Ihnen, visuell zu arbeiten. Grobe, schnelle Skizzen helfen Ihrem Gehirn, die Aufgabe prägnant zu erfassen. Die meisten Menschen denken in Bildern. Das merken Sie zum Beispiel, wenn Sie nachts träumen. Sie sehen im Traum Bilder wie in einem Film. Daher ist es einfacher für Ihr Gehirn, wenn Sie ihm eine kleine Zeichnung vorsetzen.

Im vierten Schritt schalten Sie den Autopiloten ein, Ihr Gehirn. Assoziieren ist etwas, was es automatisch für Sie erledigt. Alles, was Sie tun müssen, ist, dem Gehirn einen Startpunkt zu geben. Steht zum Beispiel auf Ihrem Blatt Papier der Briefingsatz »Entwickle ein Logo für die Umweltschutzorganisation GreenPlanet«, dann gibt es durch die Worte gleich mehrere Ansatzmöglichkeiten. »GreenPlanet« ist ein Name, aber gleichzeitig schon ein Bild: ein grüner Planet eben, eine grüne Erde. Diese grüne Erde können Sie neben den Briefingsatz skizzieren. Geben Sie sich keine Mühe damit. Es geht nur darum, in Sekundenschnelle etwas ganz grob darzustellen, weil das Gehirn gerne visuell arbeitet. Greifen Sie jetzt ein anderes Wort heraus. Nehmen wir zum Beispiel »Umwelt«. Was fällt dem Gehirn dazu ein, was assoziiert es damit? Sie müssen nichts tun, der Autopilot erledigt das für Sie. Schreiben Sie einfach nur auf, was er Ihnen diktiert, was Ihnen gerade einfällt: Grün, Blatt, Wald, Wälder, Umweltschutz, Umweltschutzminister, Greenpeace, Regenwald, Baum, Pflanze, CO2-Ausstoß, Umweltpapier, schützen, bewahren.

Keine Sorge, beim Assoziieren gibt es kein Richtig und kein Falsch. Nur munter raus damit! Schön, wir haben gerade in einem kreativen Akt weitere Ansatzpunkte aufs Papier gebracht. Das ist alles Spielmaterial, geistige Knetmasse, die wir nach Belieben umformen können, wie es uns gefällt.

Querdenken. Querdenken heißt, zwei Dinge zu verbinden, die unmittelbar noch keine Verbindung hatten und vielleicht sogar aus ganz unterschiedlichen Bereichen stammen.

Wir könnten zum Beispiel die Ansatzpunkte »Blatt« und »Planet« miteinander verbinden, indem wir die Umrisse eines Planeten aus einem Blatt ausschneiden wie bei einem kunstvollen Scherenschnitt. Vielleicht sind aber die Umrisse eines Baums klarer zu erkennen als ein Planet?
Dann verwerfen Sie den Planet-Blatt-Scherenschnitt und probieren den Baum-Blatt-Scherenschnitt aus. Greifen Sie ein neues Wort heraus, und füttern Sie den Autopiloten damit. Was bekommen Sie beim Wort »bewahren«? Vielleicht: Schutzschild, eine abwehrende Hand, zwei bewahrende Hände, die einen Kreis formen, ein Einmachglas, die Erde in einem riesigen Eiswürfel, einen Tresor, einen Bodyguard, ein Science-Fiction-Energieschild um einen grünen Planeten herum. Was auch immer Ihnen Ihr Autopilot liefert: Schreiben Sie es auf. Es ist Spielmaterial für weitere Assoziationen.

Wortfelder bilden. In die gleiche Richtung wie Assoziationen gehen Wortfelder. Sie sind allerdings etwas homogener und geordneter, weil sie inhaltlich zu einem Thema passen müssen. Wenn Sie zum Thema »Umweltschutz« einen Panzer assoziieren, dann ist das eben so. Ihrem Gehirn fiel das nun mal ein, völlig in Ordnung. Ins klassische Wortfeld zum Thema »Umweltschutz« passt der Panzer aber nicht. Hier gibt es also ein Richtig und ein Falsch. Richtig wäre zum Beispiel: Natur, grün, Pflanzen, Bäume, Recycling, Mülltrennung und so weiter.
Noch ein Hinweis: Lassen Sie sich auf die Worte ein, schauen Sie sie an, nehmen Sie sich etwas Zeit dafür. In vielen Worten stecken Ideen, auf die Ihr Autopilot dann schon kommen wird.

**»EIN GEDANKENGANG
MUSS KEIN GEWALTMARSCH
SEIN, DEN MAN
DURCHZIEHEN MUSS.
ER KANN AUCH WIE
EIN ENTSPANNTES
SCHLENDERN SEIN.«**

Fokussieren. Wichtig: Schauen Sie immer wieder den ursprünglichen Briefingsatz an. Ihr Gehirn muss wissen, was Sie suchen. Außerdem ist bei dieser Technik die Gefahr groß, beim Assoziieren vom Ausgangsproblem abzukommen. Das ist ganz normal und liegt in der Natur der Sache. Indem Sie Ihren Fokus immer wieder auf das Problem richten, wird damit gleichzeitig die Lösung anvisiert.

Denn immer weiter zu assoziieren wird Sie nicht zur Lösung bringen, wenn Sie sie nicht einfordern. Auch das ist etwas, was Sie mit Ihrer Aufmerksamkeit steuern können. Wenn Sie sich den Briefingsatz durchlesen, dann ist das gleichzeitig die Aufforderung ans Gehirn, beim Assoziieren nach der Lösung Ausschau zu halten.

Herumspinnen. Wenn Sie einige Wörter und Zeichnungen auf Ihrem Blatt haben, wird es Zeit, mal etwas herumzuspinnen. Ja, spinnen Sie mal ein bisschen! Lassen Sie Ihrer Fantasie freien Lauf. Alles ist möglich. Machen Sie sich locker, und lassen Sie Ihren Autopiloten nur machen. Schreiben Sie auf, was Sie interessant finden. Erlauben Sie sich, auch ganz wild vom Thema abzuweichen. Aber führen Sie Ihre Aufmerksamkeit nach einer Weile wieder zurück zur Ausgangsfrage.

Machen Sie nach einer Weile eine kleine Pause, und gehen Sie dann Ihre Notizen durch. Ist schon eine gute Idee dabei?

Beispiel: Marcello Serpa. Der Brasilianer Marcello Serpa ist einer der führenden Werbekreativen der Welt. Interessanterweise hat er in frühen Jahren in München gearbeitet – als Designer bei der Münchner Werbeagentur RG Wiesmeier. Serpa sagt: »I don't work, I play.« Er erklärt, dass er sich zunächst ausführlich mit den Fakten und dem Briefing beschäftigt. Sobald er alle Informationen hat, schiebt er sie beiseite, setzt sich hin und fängt an »zu spinnen« – und er sagt tatsächlich »spinnen«.

DIE SCHREIBFLUSS-TECHNIK.
SCHREIBEN SIE, WAS SIE DENKEN.

Diese Technik ist verwandt mit der »Flow«-Technik und basiert auf der Annahme, dass die vielen Gedanken im Kopf auf ein Blatt Papier abfließen müssen, damit man zu den tiefer liegenden Ideen vordringen kann. Man kann es sich auch so vorstellen, dass die Gedanken, die man aufs Papier gebracht hat, den Platz frei machen für neue Ideen.

Wie funktioniert die Schreibfluss-Technik? Überlegen Sie sich eine Idee, und schreiben Sie sie auf. Die Idee muss nicht gut sein, es geht nur darum, zügig anzufangen. Nehmen Sie irgendeine Idee, auch eine schlechte. Am Anfang spielt die Qualität der Idee keine Rolle. Sobald die erste Idee zu Papier gebracht ist, haben Sie angefangen, darum geht es.

Schreiben Sie weiter – einfach, was Ihnen gerade einfällt. Das kann ohne Punkt und Komma sein, tippen Sie einfach ab, was Sie sich denken. Überlegen Sie hemmungslos, und entleeren Sie Ihren Kopf auf dem Blatt Papier beziehungsweise im Schreibprogramm Ihres Computers. Entscheidend ist, sich nicht im Gedankenfluss zu bremsen. Assoziieren Sie, experimentieren Sie, denken Sie. Machen Sie, was Sie wollen, aber hören Sie nicht auf zu tippen.

Und: Bleiben Sie beim Thema. Der Einkaufszettel hat nichts auf Ihrem Blatt zu suchen. Es ist aber auch nicht schlimm, wenn Sie gedanklich kurz abschweifen. Kehren Sie wieder zum Thema zurück, als sei nichts geschehen. Später können Sie das Geschriebene kritisch untersuchen, aber im ersten Schritt geht es darum, den Kopf zu entleeren, damit neue Gedanken nachrücken können. Wenn Sie diese Methode anwenden, sind Sie in guter Gesellschaft: Auch Dan Wieden nutzt sie.

Zusammengefasst: Die Schreibfluss-Technik.

- Schreiben Sie eine Idee auf. Dabei spielt es keine Rolle, ob die Idee gut ist oder nicht. Sobald Sie die erste Idee aufgeschrieben haben, haben Sie angefangen.
- Schreiben Sie weiter. Denken Sie über das Problem und mögliche Lösungen nach. Entleeren Sie Ihren Kopf auf dem Papier beziehungsweise im Schreibprogramm-Dokument. Notieren Sie einfach, was Sie sich denken.
- Wenn Sie gedanklich abschweifen, kehren Sie entspannt zum Thema zurück. Auf diese Weise entleeren Sie Ihren Kopf, und frische Ideen können nachrücken. Deshalb ist es wichtig, nicht zu früh aufzugeben. Schreiben Sie hemmungslos weiter. Halten Sie den Gedankenfluss in Gang!
- Sie können die Ideen spontan kritisch bewerten, aber halten Sie sich nicht damit auf.
- Am Ende lesen Sie die Notizen durch und sammeln, was gut ist.

DIE OSBORN-CHECKLISTEN-TECHNIK.
10 ARTEN, WIE VERÄNDERUNGEN ENTSTEHEN.

Alex Osborn haben wir bereits als Urheber der Brainstorming-Methode kennengelernt. 1957 hatte er eine weitere Idee: eine Checkliste. Der Mitgründer der Agentur BBDO fand heraus, dass Veränderung im Wesentlichen auf zehn Arten entstehen kann. Schauen wir sie uns der Reihe nach an.

Put to other uses. Gibt es für das Produkt noch eine andere Anwendungsmöglichkeit? Könnte man zum Beispiel aus einem Sofa ein ausziehbares Bett machen und so seinen Nutzen verdoppeln?

Adapt. Wie kann man sein Produkt noch besser an die Bedürfnisse der Zielgruppe anpassen? Beispiele liefert die Lebensmittel- und Konsumgüterindustrie. Hier ist es in den letzten Jahren populär geworden, seine Produkte über das Internet zu individualisieren. So kann der Konsument etwa seinen Namen auf eine Cola-Flasche schreiben lassen (»Trink' eine Coke mit Anna«). Und Adidas ermöglicht es seinen Fans schon seit vielen Jahren, sich seinen individuellen Schuh zu gestalten (»Von dir gestaltet. Von Adidas hergestellt.«).

Modify. Wie kann man das Produkt so verändern, dass es noch besser wird? Ein klassisches Beispiel ist das Notebook. Es wird immer dünner. Früher habe ich auf einem dicken Kasten herumgetippt, jetzt ist der Computer fast so schmal wie eine Zeitschrift.

Magnify. Wie kann man das Produkt schwerer, teurer, dicker oder extremer gestalten? Hollywood zum Beispiel bringt erst den Film heraus, dann den Director's Cut und schließlich die Sammelbox.

Minify. Auf welche Weise kann man das Produkt verkleinern, leichter oder günstiger machen? Interessant finde ich zum Beispiel, dass man nicht nur Magnum-Eiscreme in der gewohnten Größe kaufen kann, sondern auch Mini-Magnums. Da ist das schlechte Gewissen wegen der Kalorienbombe nur noch halb so groß.

Substitute. Welche Aspekte des Produkts kann man ersetzen und vorteilhaft austauschen? Die Automobilindustrie etwa arbeitet daran,

Benzinmotoren gegen alternative Antriebskonzepte zu ersetzen, um die Umwelt zu entlasten.

Rearrange. Wie kann man das Produkt umformen oder neu zusammensetzen? Mit dem iPad hat Apple seine Idee mit dem Touchscreen-Smartphone weitgehend auf ein Tablet übertragen.

Reverse. Wie kann man das Produkt, das Prinzip oder den Nutzen auf den Kopf stellen? Tatsächlich auf den Kopf gestellt hat zum Beispiel Heinz Ketchup sein Produkt – damit man den Ketchup leichter auf den Teller bekommt.

Combine. Wie kann man das Produkt mit anderen Produkten oder Anwendungsgebieten kombinieren? Das Smartphone ist mehr als ein Telefon, nämlich auch ein Minicomputer. Auch Autos sind heutzutage viel mehr als nur Fortbewegungsmittel, sie sind auch vernetzte Hightechcomputer, die über 360-Grad-Sensoren und Onlineverbindungen Informationen über ihre Umgebung sammeln und auswerten.

Transform. Wie kann man das Produkt transformieren? Snickers zum Beispiel kann man als Riegel kaufen, aber auch als Eiscreme.

Zusammengefasst: Die Osborn-Checklisten-Technik.

- Put to other uses/Anders verwenden
- Adapt/Anpassen
- Modify/Verändern
- Magnify/Vergrößern
- Minify/Verkleinern

- Substitute/Ersetzen
- Rearrange/Neu ordnen
- Reverse/Umkehren
- Combine/Kombinieren
- Transform/Verwandeln

DIE SCHLAGZEILEN-TECHNIK.

IST DIE IDEE SPEKTAKULÄR?

Diese Technik ist überaus mächtig und simpel. Ich habe sie von der Werbeagentur Crispin Porter + Bogusky. Der Kreative überlegt sich Ideen und schreibt sie in Form von Schlagzeilen auf. Dann überprüft er, ob die Presse das wirklich so bringen würde.
Das Kriterium: Ist die Idee so spektakulär und interessant, dass die Presse darüber berichten würde? Es ist das erklärte Ziel der Agentur, eben solche Ideen hervorzubringen. Der Grund liegt darin, dass diese Art von Ideen für Werbekunden am wertvollsten ist. Das Unternehmen muss den Medien nicht Millionen Euros bezahlen, damit sie seine Botschaft bekannt machen. Im Gegenteil: Der News- oder Unterhaltungswert ist so hoch, dass die Medien freiwillig im redaktionellen Teil darüber berichten.

Beispiel: »DILL Restaurant«. Als ich einmal für einen Vortrag zu den »Mediedagen« nach Stockholm eingeladen war, kam ich etwa eine Stunde früher zur Veranstaltung. Zur Sicherheit, falls sich etwas im Zeitplan verschieben sollte. Das war eine interessante Erfahrung, denn als ich im Publikum Platz nahm, verstand ich kein Wort. Das Einzige, was ich auf Schwedisch verstehe, ist »Hej!«. Vor mir war Caroline Forsshell an der Reihe, die Marketingleiterin von Lidl Schweden. Ich war schon dabei, mir die Haare zu raufen, weil ich auch bei ihr nichts verstand, da zeigte sie einen Case-Film mit englischen Sprechern, der mich sehr begeisterte.

Die Geschichte geht so: Lidl Schweden und die Agentur INGO wollten den Menschen vor Augen führen, dass Lidl nicht nur günstige Preise, sondern auch beste Qualität bietet. Sie eröffneten in Stockholm »Dill«, ein exklusives, teures Gourmet-Restaurant. Um »Dill« noch weiter aufzuwerten, engagierten sie einen britischen Zwei-Sterne-Koch. Drei Wochen lang war Dill eines der begehrtesten Restaurants Stockholms. Zeitweise standen bis zu 500 Personen auf der Warteliste. Aber Dill hatte ein Geheimnis: Alle Produkte wurden ausschließlich bei Lidl gekauft. Nach einigen Wochen wurde das Geheimnis gelüftet. Die Medien griffen die Geschichte auf, und ganz Schweden sprach darüber. Auf diese Weise bekam Lidl mit der Aktion redaktionelle Berichterstattung im Wert von vier Millionen Euro. Lidl hatte demonstriert, dass seine Produkte nicht nur günstig sind, sondern auch höchste Qualitätsansprüche erfüllen.

Das Beispiel »DHL: Trojan Mailing«. Von dieser Idee kann ich aus erster Hand berichten, denn sie wurde von meinem Team bei Jung von Matt/Neckar umgesetzt. Wir ließen Paketboten von UPS, TNT und DPD für unseren Kunden DHL werben. Unfreiwillig und ahnungslos. Dazu bestrichen wir ein großes Paket mit thermoaktiver Farbe. Die Boten holten ein schwarzes Paket ab, das sich erst unterwegs verwandelte: in ein DHL-gelbes Paket mit der Aufschrift »DHL is faster«. Dieses Paket mussten die Boten zu Adressen in der Stuttgarter Innenstadt tragen, die nicht ganz so einfach zu finden waren. Mit versteckten Kameras hielten wir fest, wie die Paketboten in der City mit der »DHL is faster«-Werbung hin und her irrten – bestaunt von amüsierten Passanten. Das Video davon wurde innerhalb weniger Tage über fünf Millionen Mal angeklickt. Medien auf der ganzen Welt berichteten – von Pro 7, n-tv und Sat.1 bis hin zu Forbes und der Washington Post.

Zusammengefasst: Die Schlagzeilen-Technik.

Eine interessante Geschichte – das ist es, was die Medien wollen.

- Formulieren Sie Ideen so, wie die Presse in Schlagzeilen darüber berichten würde.
- Fragen Sie sich kritisch, ob die Idee so interessant oder spektakulär ist, dass die Presse wirklich einen Artikel darüber bringen würde.

DIE REPORTER-TECHNIK.

FINDEN SIE DIE STORY!

Bei dieser Technik versetzt man sich in einen investigativen Reporter und recherchiert »den Fall«. Während man die Informationen analysiert, fragt man sich, wo die interessante Story steckt.

Man fragt sich, wie man die Informationen so drehen könnte, dass die Geschichte noch interessanter wird. Vielleicht gibt es auch eine überraschende Perspektive, aus der man den Fall noch gar nicht betrachtet hat? Der Reporter begibt sich also auf die Jagd nach einer spannenden, heißen Story.

Während man sich bei der Schlagzeilen-Technik auf der Ideenebene bewegt und ständig kontrolliert, ob es die Meldung in die Medien schaffen würde, konzentriert man sich bei der Reporter-Technik auf die Recherche von Informationen.

Zusammengefasst: Die Reporter-Technik.

- Versetzen Sie sich in einen Reporter hinein, und betrachten Sie die vorliegenden Informationen mit seinen Augen.
- Fragen Sie sich, wo die heiße Story liegt.
- Recherchieren Sie weiter, bis Sie das Gefühl haben, etwas Spannendes, Spektakuläres erzählen zu können.

DIE AKKORDEON-TECHNIK.
KLEINE PAUSEN ERHALTEN DEN IDEENFLUSS.

Hier geht es um den Wechsel von Anspannung und Entspannung. Sie arbeiten zum Beispiel eine Stunde hochkonzentriert und geben Vollgas – dann entspannen Sie sich für eine Viertelstunde, halten ein Pläuschchen mit Kollegen oder machen einen kurzen Spaziergang. Nach dieser Phase der Erholung geht es wieder ans Eingemachte.

Wie Ihnen Pausen am meisten bringen. Dieses Vorgehen ist nach einer Untersuchung der Psychologinnen Emily Hunter und Cindy Wu von der Baylor University in Texas optimal, um möglichst effizient arbeiten zu können. Die beiden haben rund hundert Angestellte eine Woche lang beobachtet und sie anschließend befragt, wie sie sich fühlen und was ihre Pausen bewirkt haben.

Ihre zentrale Erkenntnis ist, dass uns viele kleine Pausen über den Tag verteilt besser bekommen als eine einzige große zur Mittagszeit. Wir schaffen auf diese Weise mehr, verfügen über mehr Energie und arbeiten konzentrierter. Außerdem sind wir so motivierter und haben mehr Freude an der Arbeit, sagt das Ergebnis der Untersuchung.

Üblich ist das nicht unbedingt. Viele arbeiten schwungvoll bis zur Mittagspause durch und machen nachmittags eine Kaffeepause. Aber die Kaffeepause reicht nicht aus, die Batterien wieder aufzuladen, so die Psychologinnen. »Je mehr Stunden seit dem Arbeits- oder Schichtbeginn bis zur ersten Pause vergingen, desto eher klagten die Teilnehmer über generelle Erschöpfung und andere Symptome schlechter Gesundheit«, sagt Emily Hunter.[22]

Auch dafür, was man in den Pausen tun sollte, hat Hunter einen Tipp: »Wichtig ist es, etwas zu tun, das man wirklich möchte – und nicht etwas, das man tun sollte. Nur das sind die Aktivitäten, die die Pausen wirklich entspannend machen, die Ihnen Erholung bringen und Ihnen helfen, gestärkt zur Arbeit zurückzukehren.«

Der alte Grundsatz, man sollte sich in der Pause mit etwas beschäftigen, was nichts mit der Arbeit zu tun hat, stimmt also nicht. Man soll einfach das tun, was man selbst möchte.

Sich in der Pause zu bewegen scheint aber in jedem Fall eine gute Idee zu sein. Nach einer Studie der Universität Stanford ist das Kreativitätslevel beim Laufen deutlich höher als beim Sitzen. Interessant ist, dass es viele berühmte Schriftsteller und Gelehrte gab, die gerne lange Spaziergänge unternommen haben: zum Beispiel Charles Dickens, Virginia Woolf und Aristoteles.

---

22 http://www.wissen.de/arbeitspausen-wann-und-wie-sind-sie-am-effektivsten

Zusammengefasst: Die Akkordeon-Technik.

- Arbeiten Sie konzentriert (zum Beispiel 45 oder 60 Minuten).
- Machen Sie eine kleine Pause (10 Minuten), und tun Sie, worauf Sie Lust haben.
- Arbeiten Sie wieder 45 oder 60 Minuten konzentriert.
- Streuen Sie wieder eine kurze Pause ein, in der Sie tun, was Sie wollen (10 Minuten).
- Gehen Sie wieder an die Arbeit.

Interessant ist übrigens auch die Erkenntnis von Neurologen der Carnegie Mellon University, wonach Hirnregionen, die über etwas nachdenken, auch dann noch unbewusst weiter überlegen, wenn die Person sich gleichzeitig mit ihrem Bewusstsein etwas anderem zuwendet. Da die Hirnregion unbewusst weiterarbeitet, bemerkt die Person nichts davon. Unser Hirn hilft uns also mehr, als wir ahnen. Vor diesem Hintergrund kann man sich also ruhig mal eine kleine Pause gönnen.

DIE TRUTH-WELL-TOLD-TECHNIK.
EINE WAHRHEIT INTERESSANT ERZÄHLT.

Die Suche nach der Wahrheit hat eine philosophische Dimension. Die Wahrheit herauszufinden, das klingt groß, bedeutsam und interessant. Die traditionsreiche, weltweit tätige Werbeagentur McCann hat dieses Prinzip der Ideenfindung 1912 sogar zu ihrem Credo erhoben: »Truth well told«.

Das klingt einfach, ist es aber leider nicht. Man kann den Claim in zwei Hälften aufteilen. Zunächst gilt es, die Wahrheit zu finden. Das ist für sich genommen noch keine überraschende Lösung. Erst in Verbindung mit der Umsetzung, dem »well told«, ergibt sich eine interessante Idee.

Beispiel: Dumb ways to die. Die Agentur McCann in Melbourne war beauftragt worden, für die Metro Trains in Melbourne eine Sicherheitskampagne zu entwickeln. Es ging darum, Unfälle zu verhindern, bei denen Passagiere zu nahe am Bahnsteig stehen und durch die Sogwirkung durchfahrender Züge mitgerissen werden. Die Wahrheit, die McCann formulierte, war, dass es sich dabei um eine wirklich dumme Art handelt, ums Leben zu kommen. Das ist – wie gesagt – nur die halbe Idee, sozusagen die Basis.
Was noch fehlt, ist das »well told«-Element. McCann nutzte die Wahrheit als Ausgangspunkt, der nun verallgemeinert und dramatisiert wurde. Die Kreativen fragten sich, welche weiteren dämlichen Arten es gibt, zu Tode zu kommen. Sich die Haare anbrennen, fiel ihnen ein. Oder einen Grizzlybären mit einem Stock anstupsen. Auch das klingt noch nicht nach einem Hit. Wirklich zu etwas Herausragendem wurde die Idee erst durch die Umsetzung in einem Musikvideo: Der Film zeigt, wie niedliche Zeichentrickfiguren auf brutale Art und Weise zu Tode kommen. Die Sängerin Emily Lubitz singt mit der Band »The Cat Empire« einen Song, in dem es um »dumb ways to die« geht. Das Video schließt mit dem Hinweis: »Be save around trains. A message from Metro.«
Durch den bitterbösen Humor und die großartige Ausführung entwickelte sich das Video zum weltweiten unterhaltsamen Viralhit. Allein in den ersten zehn Tagen nach Veröffentlichung im November 2012 wurde es über 25 Millionen Mal angeklickt. Im Juni 2016 sind es inzwischen knapp 130 Millionen Klicks. Ein gigantischer Erfolg. Sie können sich

den Clip auf YouTube ansehen, indem Sie nach »Dumb ways to die« suchen.

Beispiel: Kalender der Träume. Die Anlageberatung der Sparkasse wollte ausgewählte bestehende Sparkassen-Kunden ansprechen und auf sich aufmerksam machen. Dazu sollte die Agentur Jung von Matt ein Mailing entwickeln.

Ich kann mich noch gut daran erinnern, dass ich die Idee nicht im Büro hatte, sondern zu Hause. Ich war früh aufgestanden und saß mit einer Tasse Kaffee am Schreibtisch und blickte in den Garten. Die Sonne schien, alles war wunderbar grün. Ich überlegte, was eigentlich das Prinzip, der Kern, die Essenz der Anlageberatung für den Konsumenten war. Kurzum: Welche einfache Wahrheit steckt in diesem Angebot? Die Antwort, die mir einfiel, war: Mit einer Geldanlage kommt man jeden Tag seinem Traum ein kleines Stück näher. Das war zwar richtig und irgendwie auch interessant, aber noch keine faszinierende Idee.

Es fehlte die Umsetzung, das »well told«. Mir kam der Umstand zu Hilfe, dass ich viel vom Werbemedium »Jahreskalender« halte. Ein Kalender hat den Vorteil, dass er einen Nutzen für den Konsumenten hat und im Idealfall das ganze Jahr an der Wand hängt. Das ist fantastisch, wenn man an Anzeigen, Plakate, Onlinebanner oder TV-Spots denkt, die für teures Geld ein paar Tage oder Wochen zu sehen sind.

Ich probierte ein bisschen herum und überlegte, wie man den Kalender möglichst reduziert gestalten könnte. Welches Element müsste der Kalender auf jeden Fall haben? Das Sparkassen-Logo, klar. Und die Werbeaussage »Jeden Tag ein bisschen näher am Traum. Die Anlageberatung der Sparkasse.« Dann müssten noch die Tage des Monats zu sehen sein. Ich notierte einige beispielhafte Tage auf einen Zettel: 1, 2, 3, 4, 5, 6, 7, 8, 9, 10, 11 ... Mir fiel auf, dass man diese Tage wie Nummern interpretieren kann. Wie bei »Malen nach Zahlen« könnte man diese Tage nach und nach zu schönen Träumen verbinden. So könnten die Zahlen von 30 Tagen zum Beispiel ein Klavier ergeben. Oder ein Segelschiff. Oder ein Pferd. Oder eine E-Gitarre. Der Kalender der Träume war geboren.

Zusammengefasst: Die Truth-well-told-Technik.

- Finden Sie eine Wahrheit in der Botschaft, die Sie verkünden sollen (truth). Die Wahrheit ist an sich noch keine Idee, aber immerhin schon 50 Prozent davon. Es geht um eine Aussage, die auch recht offensichtlich auf der Hand liegen kann.
- Überlegen Sie sich eine interessante Art, diese Wahrheit darzustellen oder zu erzählen (well told).
- Erst wenn sowohl die Wahrheit als auch die Erzählweise harmonieren, ist die Idee rund. Die Wahrheit ohne interessante Erzählweise ist noch nicht spannend genug. Und einer spannenden Erzählweise, die nicht auf einer Wahrheit basiert, fehlen Intelligenz und Substanz.

DIE INSIGHT-TECHNIK.

DER ZIELGRUPPE IN DEN KOPF SCHAUEN.

Die Arbeit mit Insights ist weit verbreitet und auch rational nachvollziehbar. Man untersucht, mit welcher Zielgruppe man spricht beziehungsweise sprechen sollte, und versucht nun, die Bedürfnisse und Wünsche der Menschen herauszufinden. Ist man fündig geworden, spricht man von einem »Insight«.

Es ist ein bisschen so, als ob man versuchen würde, in den Kopf der Zielgruppe zu schauen. Dazu führt man zum Beispiel Interviews mit Vertretern der Zielgruppe durch, unterhält sich mit ihnen und stellt sich typische Stellvertreter zusammen. Die Idee greift den Insight auf und gibt eine maßgeschneiderte Antwort darauf. Der Konsument soll sich verstanden fühlen. Er soll denken: Aha, da weiß jemand, was mich bewegt, und hat genau die passende Antwort.

Der Vertreter der Zielgruppe (»Persona«). Eine Schwierigkeit liegt darin, dass man häufig aus der Marktforschung Zahlen und Infos bekommt, die eine Bandbreite abbilden. Das Alter der Zielgruppe liegt zum Beispiel zwischen 39 und 69 Jahren. Ihr Einkommen zwischen 70 000 und 120 000 Euro/Jahr. Ein Drittel der Zielgruppe ist weiblich, zwei Drittel sind männlich.
Durch diese Angaben bekommt man zwar ein Bild und eine Richtung, aber man hat keine Person vor Augen. Die brauchen Sie aber, um die Bedürfnisse der Zielgruppe auch genau analysieren zu können.

Also: Stellen Sie sich auf Basis der Informationen gedanklich eine einzige konkrete Person zusammen, und erwecken Sie sie zum Leben.
- Googeln Sie nach Bildern, wie diese Person aussehen könnte.
- Überlegen Sie, wie die Kindheit der Person war, wie sie sich entwickelt und welche Bedürfnisse sie heute hat.
- Was bewegt diesen Menschen? Was spricht ihn an, was interessiert ihn?
- Wie kann das Produkt dazu beitragen, das Leben der Person zu verbessern?
- Wie schafft man es überhaupt, für ihn relevant und interessant zu sein?

Auf dieser Basis geht es darum, Insights zu finden, die nicht so offensichtlich sind, dass man sofort darauf kommt.
Wenn Sie den Insight haben, fragen Sie sich am besten, welche Idee man daraus folgern kann. Welche Antwort kann man darauf geben? Versetzen Sie sich im nächsten Schritt in den Vertreter der Zielgruppe hinein, und fragen Sie sich: »Was hat diese Idee mit mir zu tun?« Dabei geht es um die Frage, ob Ihre Idee für den Zielgruppen-Vertreter relevant und interessant ist.

Beispiel: HypoVereinsbank – »Leben Sie«. Diese Kampagne hat die Werbung in Deutschland verändert. Die Legende geht so: Die HypoVereinsbank hatte einige Agenturen eingeladen, eine Werbekampagne zu präsentieren. Man muss dazu sagen, dass ein solcher Etat groß und wichtig für Agenturen ist. Entsprechend wird unvorstellbar viel Arbeit investiert, um den Pitch für sich zu entscheiden. Während die anderen Agenturen ein Feuerwerk von Ideen abbrannten, hatte die Amsterdamer Niederlassung von Wieden+Kennedy deutlich weniger dabei. Im Wesentlichen: einen überraschenden Insight.
Die Leute, so die Kreativen von W+K, hätten gar keine Lust auf diese ganzen Bankangelegenheiten. Finanzsachen würden die Menschen eher belasten und nerven. Kaum jemand würde sich wirklich gern damit beschäftigen. Die Lösung: Die HypoVereinsbank positioniert sich als die Bank, die den Menschen diese Last abnimmt. Der Claim hieß: »Leben Sie. Wir kümmern uns um die Details. HypoVereinsbank.«

Damit gewann W+K den Auftrag. Die Kampagne startete als Drei-Minuten-Spot auf mehreren deutschen Fernsehkanälen gleichzeitig. Und so sah die Kampagne der HypoVereinsbank dann aus: Zu Bildern, die sich authentisch und echt anfühlen, spricht ein Konsument seine Gedanken:

»Geld. Warum haben wir's erfunden? Um uns das Leben einfacher zu machen, oder? Münzen tragen sich nun mal leichter als Ziegen oder Hühner. Das Geld tauschten wir für Dinge, die wir brauchten. Essen, Brennholz, Ehefrauen und so weiter. Wir prägten mehr und mehr Münzen – bis wir an einen Punkt kamen, wo unsere Geldbeutel zu platzen drohten und wir nachts nicht schlafen konnten – wegen all des Geldes, das wir unter unsere Matratzen gestopft hatten.
Also erfanden wir die Bank. Einen sicheren Ort, an dem man auf unser Geld aufpasste, bis wir es brauchten. Jetzt frag ich mich: Wann genau in den letzten 5 oder 6000 Jahren, seit es Geld gibt, ist es so verdammt kompliziert geworden? Denn das ist es. Glauben Sie mir, es ist ein echter Krampf mit dem Geld. Die eine Hälfte unseres Lebens verbringen wir mit Verdienen. Die andere Hälfte grübeln wir, was wir damit machen sollen. Der eine, weil sein Geld nicht über den Monat reicht. Der andere, weil er sich ein größeres Haus kaufen will. Man grübelt, ob es noch für ein Kind langt. Oder, ob man es sich leisten kann, in Rente zu gehen.
Wir sitzen alle in diesem verrückten Geld-Karussell. Jagen ihm nach. Werden gejagt. Sind neidisch auf das, was andere haben. Beschützen das, was wir haben. Manchmal glaube ich, wir sollten das Ganze vergessen und es noch mal mit den Hühnern und Ziegen versuchen. Und dann denke ich: Warte mal. Was ist eigentlich mit den Banken? Was tun die eigentlich, um uns zu helfen?
Ich kenn ja die Werbung: Kommen Sie zu uns, und all Ihre Träume werden wahr. Irgendwie so. Das klingt gut. Doch irgendwie sieht die Realität doch anders aus, oder? Keine Bank der Welt kann mich reich machen. Nur ich kann mich reich machen. Also zeigt mir keine Bilder von Häusern und Yachten und Sportwagen. Erzählt mir lieber, wie ihr mir ein paar meiner Sorgen abnehmen könnt. Es ist 1998, und der

Euro steht vor der Tür. Neue Probleme. Neue Möglichkeiten. Brauchen wir da nicht auch eine neue Art von Bank?«
Logo und Claim werden eingeblendet: »HypoVereinsbank. Leben Sie. Wir kümmern uns um die Details.«

Interessant ist, dass im Spot nicht die HypoVereinsbank direkt spricht, sondern einen Konsumenten zu Wort kommen lässt. Der Zuschauer soll denken: Sieh an, ich denke ja genauso. Die verstehen mich. Darum geht es. Man nimmt einen Insight der Zielgruppe auf und antwortet darauf.
Bemerkenswert und prägend für die deutsche Werbung war der authentische Stil der Bilder: Alles wirkte echt und nicht so künstlich überhöht, wie es sonst in der Werbung üblich ist. Statt perfekte Bilder von schönen Menschen sah das Publikum die Realität. Oder zumindest Bilder, die sich echt und authentisch anfühlten.

Inzwischen ist diese Mechanik sehr beliebt. Oft ist es langweilig, wenn Unternehmen die Zielgruppe sprechen lassen. Der Konsument hat diese Mechanik längst durchschaut. Wenn man nicht aufpasst, kann diese Art von Werbung sogar anbiedernd wirken. Auf der anderen Seite ist es noch immer ein interessanter Weg, für die Zielgruppe interessant zu werden, wenn die Umsetzung stimmt.

Zusammengefasst: Die Insight-Technik.

- Finden Sie so viel über die Zielgruppe heraus wie möglich.
- Verdichten Sie diese Informationen zu einer konkreten Person, dem Vertreter der Zielgruppe (Persona). Denken Sie sich einen Charakter aus. Beleuchten Sie auch seine Kindheit und seinen Lebensweg.

- Fragen Sie sich, welche Wünsche und Bedürfnisse Ihre Persona hat. Was motiviert sie? Finden Sie einen Insight, der die Persona bewegt und relevant für sie ist.
- Fragen Sie sich, wie Ihr Auftraggeber oder sein Produkt auf diesen Insight eine Antwort geben könnte.

DIE WELTVERBESSERER-TECHNIK.

DAS LEBEN SCHÖNER MACHEN.

Innovationen sind nichts anderes als Verbesserungen des Status quo, Verbesserungen unserer Lebensweise. Fragen Sie sich also, wie Ihre Idee dazu beitragen kann, den Alltag der Zielgruppe zu bereichern und ihr Leben noch schöner, interessanter, einfacher oder leichter zu machen. Wenn Sie in dieser Denkrichtung auf eine Idee stoßen, ist sie meistens sehr stark. Ideen, die die Welt ein bisschen besser machen, liegen im Trend. Der Grund: Sie machen Sinn, verändern etwas zum Besseren, und alle lieben und unterstützen sie.

Im ersten Schritt ist es wichtig, möglichst klar herauszufinden, wer die Zielgruppe überhaupt ist. Versuchen Sie, ein Gefühl dafür zu bekommen, mit wem Sie eigentlich kommunizieren.

Erst wenn Sie einen Menschen vor Augen haben, können Sie zum nächsten Schritt übergehen und sich fragen, was diese Person bewegt, was ihr wichtig ist, worüber sie sich ärgert und wie Ihre Idee dazu beitragen könnte, das Leben der Person zu verbessern.

**»IDEEN, DIE
DIE WELT EIN BISSCHEN
BESSER MACHEN, SIND DIE
WERTVOLLSTEN IDEEN
ÜBERHAUPT, WEIL SIE
DIE MENSCHHEIT
WEITERBRINGEN.«**

Wenn Ihnen die Formulierung »das Leben verbessern« zu groß erscheint, dann denken Sie lieber daran, wie Ihre Idee den Alltag der Zielgruppe schöner machen kann.

Der Unterschied zur Insight-Technik liegt darin, dass es bei der Weltverbesserer-Technik nicht unbedingt darum geht, auf den Insight eine Antwort zu geben und dem Konsumenten klarzumachen, dass man ihn versteht. Man denkt eher vom Produkt her und überlegt, wie man die Welt positiv verändern könnte. Die Übergänge sind allerdings fließend. Sehen Sie die Techniken als mögliche Denkrichtungen, die sich auch mal überschneiden.

Beispiel: das Tap Project. Für das Buch »1000 Ideen, täglich die Welt zu verbessern« von Jan Hofer, Dieter Kronzucker und Shary Reeves sollte ich meine Lieblingsidee aufschreiben, die die Welt tatsächlich voranbringt. Hier ist sie:
Um die Welt zu verändern, muss man nicht erst Präsident der Vereinigten Staaten werden. Man braucht keinen Milliardenhaushalt und auch kein Militär. Alles, was man benötigt, ist eine Idee. Und eine Vorstellung davon, was sich aus einem einzigen klugen Gedanken entwickeln kann. Hier ein aktuelles Beispiel: das TAP Project. Auf Deutsch: Leitungswasser-Projekt.
Laut UNICEF haben über eine Milliarde Menschen weltweit keinen oder nur eingeschränkten Zugang zu sauberem Wasser. Alle 15 Sekunden stirbt ein Kind an verschmutztem Wasser. Ein Kreativer der New Yorker Werbeagentur drogafive kam auf die Idee, wie jeder Einzelne das ändern könnte. Jedes größere Restaurant der Stadt bat seine Gäste um einen Dollar, sobald ein Glas Tap Water serviert wurde. Etwas, das in den USA eigentlich umsonst ist. Für jeden Dollar konnte UNICEF ein Kind 40 Tage lang mit sauberem Wasser versorgen.

»The biggest idea of the year«, urteilte die New York Times. Das war 2007. Inzwischen gibt es das TAP Project in ganz Amerika. 2009 wurde die Bewegung auch in anderen Ländern gestartet. Was im Kopf eines Einzelnen begann, führte mit der Zeit zu einem weltweiten Feldzug gegen verschmutztes Wasser und rettete Millionen Kindern das Leben.

Deshalb mein Rat und meine Bitte: Wenn Ihnen eine gute Idee durch den Kopf geht, gehen Sie mit! Man kann nie wissen, wohin sie führt. Glauben Sie an die Kraft von Ideen. Jeder kann sie haben. Ganz gleich, ob man im Beruf einen Bus lenkt oder einen Konzern. Ideen sind überall. Sie umgeben uns. Halten Sie die Augen offen. Gehen Sie bewusst durchs Leben. Sie werden überrascht sein, wozu Ihr Kopf fähig ist.

Übung: Wie sieht Ihre Lieblingsidee aus? Überlegen Sie einen Moment, welche Projekte Ihnen einfallen, die die Welt verbessern. Welches Projekt gefällt Ihnen am besten?

Zusammengefasst: Die Weltverbesserer-Technik.

- Lernen Sie die Zielgruppe so genau wie möglich kennen. Versuchen Sie, ein Gefühl für sie zu bekommen.
- Überlegen Sie sich, wie das Produkt, um das es geht, dazu beitragen kann, das Leben beziehungsweise den Alltag der Zielgruppe zu verbessern.
- Denken Sie vom Produkt beziehungsweise von der Leistung aus.

DIE BULLSHIT-TECHNIK.

GEHT DAS NOCH SCHLECHTER?

Manchmal kommt man einfach nicht weiter. Im Hirn hat sich ein regelrechter Knoten festgesetzt. In solchen Situationen muss man sich wieder locker machen. Eine Pause ist angebracht. Kurz mit den Kollegen plaudern, in Ruhe eine Tasse Kaffee trinken, die Zeitung durchblättern (oder die News-App öffnen), einen Spaziergang machen und so weiter. Wenn diese klassischen Pausen den Knoten nicht lösen können, dann versuchen Sie es mit der Bullshit-Technik. Schreiben Sie die Aufgabe in einem einzigen Satz auf, und versuchen Sie nun, das Problem nicht möglichst gut zu lösen, sondern möglichst schlecht.

Seien Sie hemmungslos! Nur keine falsche Scheu vor schlechten Ideen, es erfährt ja niemand. Das Ganze hat nur den Sinn, den Knoten im Kopf zu lösen, Sie wieder locker zu machen und die Ideenquelle erneut zum Sprudeln zu bringen. Diese Technik macht Spaß, und schon bald werden Sie begeistert sein, wie wunderbar schlecht Sie sein können.

Das Erstaunliche ist: Sobald man einige völlig dämliche Lösungen notiert hat, kommen automatisch auch wieder einige Ideen, die akzeptabel sind. Das ist ein Zeichen dafür, dass der Knoten gelöst ist. Es kann weitergehen.

Zusammengefasst: Die Bullshit-Technik, wenn Sie feststecken.

- Formulieren Sie das Problem schriftlich in einem Satz.
- Versuchen Sie nun, das Problem nicht möglichst gut, sondern möglichst schlecht zu lösen. Seien Sie unbedingt völlig hemmungslos dabei! Das Ganze soll Spaß machen. Sie werden wieder lockerer und bekommen Ideen, die in die richtige Richtung gehen.

DIE GEGENTEIL-TECHNIK.

DREHEN UND WENDEN.

Die Gegenteil-Technik erklärt Graham Fink, Chief Creative Officer der weltweit tätigen Agentur Ogilvy & Mather: »Was ich sehr mag, ist: Wenn man feststeckt, an das Gegenteil zu denken. Wenn Sie also eine Kampagne für Verkehrssicherheit machen sollen, denken Sie an Menschen, die überfahren werden. Warten Sie, nein, das ist eine schreckliche Idee … Nehmen Sie einen Softdrink. Und dann stellen Sie sich eine halbe Stunde lang vor, dass dieses Getränk die Leute betrunkener macht als jeder Alkohol. Die Leute drehen richtig, richtig durch. Die sind hyperbetrunken. Das klingt total lächerlich, aber diese Technik bricht Blockaden auf. Und man bekommt jede Menge neuer Gedanken aus einer neuen Ecke. Die muss man nur in die richtige Richtung biegen. Aber seien Sie darauf vorbereitet, Fehler zu machen, zu scheitern.«[23]

Zusammengefasst: Die Gegenteil-Technik.

- Formulieren Sie das Problem kurz und knapp in einem Satz.
- Denken Sie an das Gegenteil des Themas oder an das Gegenteil der Produkteigenschaft, um die es geht.

---

23 Seibt, Philipp: »Denken Sie an Menschen, die überfahren werden«. In: Spiegel Online, 16.5.2016, Quelle: http://www.spiegel.de/stil/ogilvy-und-mather-kreativ-tipps-von-graham-fink-a-1089845.html

DIE PINGPONG-TECHNIK.
DAS HIN UND HER MIT DEM TEAMPARTNER.

Diese Methode wird seit Jahrzehnten in Werbeagenturen eingesetzt, scheint also gar nicht so schlecht zu sein.

Zwei Kreative, zum Beispiel ein Texter und ein Artdirector, sitzen sich an einem Tisch in ihrem Büro gegenüber und spielen sich »die Bälle zu«. Die Atmosphäre ist im besten Fall entspannt, aber ambitioniert. Man kennt sich, man findet sich sympathisch, man hat das gleiche Ziel: sich eine bahnbrechende Idee auszudenken.
Der Artdirector wirft einen Gedanken in den Raum, der Texter greift ihn auf wie einen Knetgummiball, formt ihn ein bisschen um und wirft ihn zum Kollegen zurück. Der formt nun seinerseits daran herum und so weiter. Bis irgendwann einer von beiden aufspringt und meint: »Super! Das ist richtig cool.« Oder bis einer von beiden sagt: »Ja nee, das ist irgendwie alles nichts.« Dann wird der Knetgummiball in den Mülleimer geworfen und ein ganz neuer Ball ins Spiel gebracht.

Nicht ohne Schwierigkeiten. Die Methode klingt sehr simpel, bringt aber die eine oder andere Schwierigkeit mit sich. Zum Beispiel muss man es sich verkneifen, Ideenansätze abzuschießen und abzuwürgen. Man muss sich klarmachen, dass es keine fertigen Ideen sind, die der andere einem zuwirft, sondern nur Ansätze, die man weiterformen und verändern muss. Kritisiert man ständig die Ansätze des anderen, hat der früher oder später keine Lust mehr auf das gemeinsame Ausdenken. Dieses Pingpong von Ideen liegt nicht jedem. Es gibt nur eine einzige Möglichkeit, herauszufinden, wie Sie damit zurechtkommen: Probieren Sie es aus.

Starke Vorteile. Die Vorteile der Methode sind, dass jeder der beiden Teilnehmer durch den anderen ständig frische Ideenimpulse bekommt. Man schmort nicht im eigenen Saft und kann sich über die Aufgabe austauschen. Zudem steigt die Motivation, man kann sich gegenseitig begeistern und inspirieren.

Trend zu gemischten Teams. In zahlreichen US-Agenturen ist man seit der Digitalisierung dazu übergegangen, die Teams nicht mehr klassisch zu besetzen. Das bedeutet, dass jetzt nicht mehr ein Texter und ein Artdirector am Tisch sitzen, sondern gemischte Teams, zum Beispiel ein Texter, ein Online-Artdirector, ein strategischer Planer und ein Berater. Auf diese Weise bringt man die Expertise, Erfahrung und Sichtweise verschiedener Bereiche zusammen. Eine Idee, die man durchaus übernehmen kann.

Zusammengefasst: Die Pingpong-Technik.

- Als erstes wirft der Kreative A dem Kreativen B einen Ideenansatz zu.
- Kreativer B greift den Ansatz auf und verändert ihn so, dass er seiner Meinung nach besser ist. Dann spielt er den Ball wieder zurück.
- Kreativer A nimmt den Ball auf und verändert ihn seinerseits.
- Und so weiter – bis die beiden mit der Lösung zufrieden sind.

DIE DESIGN-THINKING-TECHNIK.

IDEEN TESTEN UND VERBESSERN.

Design-Thinking wurde in den 80er- und 90er-Jahren in Kalifornien entwickelt und ist seit Jahren angesagt. Im Potsdam gibt es sogar eine School of Design Thinking (»d.school«) am Hasso-Plattner-Institut für Softwaresystemtechnik. Auch an der Stanford University gibt es ein Institut dafür, ebenfalls unter der Schirmherrschaft von Hasso Plattner.

Der Hype um die Design-Thinking-Methode überrascht etwas, denn etwas wirklich Neues bietet diese Denkweise eigentlich nicht. Im Wesentlichen geht es darum, die Bedürfnisse der Kunden zu erforschen und auf dieser Basis Lösungen zu entwickeln, die möglichst schnell mit Prototypen getestet werden. Aus diesen Tests zieht man Lehren, die man sofort anwendet. Im nächsten Schritt testet man die veränderte Lösung erneut.

Die beteiligten Teams setzen sich oft aus unterschiedlichen Bereichen zusammen, um möglichst verschiedene Perspektiven zu erhalten. Besonders interessant wird die Methode auch dadurch, dass sie sehr praxisorientiert ist.

Beispiel: die d.light Solarlampe. Die d.light Solarlampe wurde mithilfe der Design-Thinking-Technik erfunden. Millionen Menschen in ärmeren Ländern haben zu Hause keinen Strom und daher auch kein elektrisches Licht. In Indien zum Beispiel müssen Menschen bis zu 30 Prozent ihres Einkommens dafür ausgeben, Kerosin für Lampen zu kaufen. Doch diese Kerosinleuchten sind verantwortlich dafür, dass immer wieder Brände entstehen. Zudem führen sie zu Atemwegsproblemen und sind nicht gut für die Augen. Die d.light ist eine leistungsstarke Solarlampe, die in mehreren Helligkeitsstufen leuchten kann und viele positive Effekte bringt. Sie ist nicht nur günstiger und gesünder als die Kerosinlampe, sie ermöglicht es Schulkindern auch, abends Hausaufgaben zu machen.

Zusammengefasst: Die Design-Thinking-Technik.

Die Design-Thinking-Methode nimmt sich die Arbeit von Kreativen zum Vorbild und definiert daraus folgende sechs Schritte:

1. **Verstehen:** Was motiviert die Zielgruppe, was bewegt sie, was sind ihre Bedürfnisse und Wünsche?
2. **Beobachten:** Wie verhält sich die Zielgruppe? Wie läuft der Prozess im Status quo ab?
3. **Ideenfindung:** Wie kann die Idee dazu beitragen, das Leben der Zielgruppe angenehmer zu gestalten?
4. **Verfeinern:** Wie kann man die Idee noch besser gestalten oder umsetzen?
5. **Ausführung:** Wie reagiert die Zielgruppe auf einen Prototyp, der auf Basis der Idee entstanden ist?
6. **Lernen:** Was kann man aus der Reaktion der Zielgruppe lernen? Wie kann man mit diesen Erkenntnissen den Prototyp verbessern?

DIE 1 + 1 = 3-TECHNIK.

BESTEHENDES NEU KOMBINIEREN.

Am Anfang dieses Kapitels haben wir uns damit beschäftigt, wie die Natur etwas Neues hervorbringt. Am einfachsten geschieht das, wenn die Gene von zwei Lebewesen zusammengeführt werden. Die Jungen können Eigenschaften beider Elternteile besitzen. Verkürzt könnte man sagen: 1 + 1 = 3.
Dieses Prinzip kann man auf Erfindungen übertragen.

- Handy + Computer = Smartphone
- Uhr + Computer = Apple Watch
- Bilderrahmen + digitale Fotographie = digitaler Bilderrahmen

Es gibt manche Kreative, die die Meinung vertreten, dass es keine puren Innovationen mehr gibt, weil alles schon mal so oder so ähnlich da war. Alles Neue sei aus der neuartigen Kombination von etwas Bestehendem hervorgegangen. Ob das stimmt oder nicht, mag jeder selbst beurteilen. Für uns ist nur die Tatsache wichtig, dass auch aus zwei Dingen, die es schon gibt, eine Innovation entstehen kann, wenn die Verbindung einen relevanten Nutzen bringt.

Zusammengefasst: Die 1 + 1 = 3-Technik.

- Gehen Sie vom Bereich aus, um den sich Ihr Briefing dreht
- Suchen Sie einen zweiten Bereich, der noch nicht mit dem ersten Bereich verbunden ist, aber einen Nutzen hat.
- Verbinden Sie die beiden Bereiche, die vorher getrennt waren, und überprüfen Sie, ob der Nutzen aus dieser Verbindung ein großer Gewinn wäre.

DIE EDISON-TECHNIK.

BESTEHENDE IDEEN WEITERDENKEN.

Das LIFE-Magazin nannte ihn den Mann des Millenniums: Thomas Alva Edison war ein genialer US-amerikanischer Erfinder – wohl einer der bedeutendsten Erfinder aller Zeiten. Er hat wesentlich dazu beigetragen, dass uns in vielerlei Hinsicht ein Licht aufgegangen ist, zum Beispiel auf dem Gebiet der Elektrizität und Elektrotechnik. Von Edison stammt das berühmte Zitat: »Genialität besteht zu einem Prozent aus Inspiration und zu 99 Prozent aus Transpiraton.« Dazu passt auch sein folgender Ausspruch: »Ich bin ein guter Schwamm, ich sauge Ideen auf und mache sie nutzbar. Die meisten Ideen gehörten ursprünglich Leuten, die sich nicht die Mühe gemacht haben, sie weiterzuentwickeln.« Edison begann den Ausdenkprozess, indem er sich detailliert auf den neuesten Stand der Wissenschaft brachte: »When I want to discover something, I begin by reading up everything that has been done along that line in the past – that's what all these books in the library are for. I see what has been accomplished at great labor and expense in the past. I gather data of many thousands of experiments as a starting point, and then I make thousands more.«

Von seiner Mutter hat Edison vier Grundsätze übernommen.

1. Lass dich nie entmutigen, wenn du scheiterst. Lern daraus. Versuch es weiter.
2. Lerne sowohl mit deinem Kopf als auch mit deinen Händen.
3. Nicht alles Wertvolle in der Welt kommt aus Büchern – erlebe die Welt.
4. Höre niemals auf zu lesen. Lese das gesamte Spektrum der Literatur.

Bei der Edison-Technik geht es im Wesentlichen darum, sich zunächst Informationen und Ideen rund um das Thema zu beschaffen. Das sagt sich so leicht, aber der Rechercheprozess ist bereits ein Teil der Arbeit und alles andere als ein Spaziergang.
Schon bei der Sichtung des Materials sollten Sie sich fragen, ob eine Idee weiterentwickelt werden kann.

- Wo wurde Potenzial verschenkt?
- Wo blitzt der Kern einer brillanten Idee auf, der nur darauf wartet, weiter bearbeitet zu werden?
- Wo ist die vorhandene Idee ungenügend?
- Wo ist Kritik angebracht, und was kann man verändern, um diese Kritik auszuhebeln?

Es geht darum, die bereits vorhandene Arbeit zu nutzen und auf dieser Basis einen Schritt weiterzugehen. Es geht nicht darum, Ideen zu klauen, sondern darum, sie so weiterzuentwickeln, bis sie ihr volles Potenzial entfalten.

Zusammengefasst: Die Edison-Technik.

- Recherchieren Sie, welche Ideen es rund um das Thema schon gibt, zum Beispiel von der Konkurrenz oder aus ähnlichen Bereichen.
- Fragen Sie sich, bei welcher Idee Potenzial verschenkt wurde.
- An welcher Stelle ist bei der Idee Kritik angebracht? Wie könnte man diese Kritikpunkte beseitigen?
- Wie würde eine Verbesserung der bestehenden Idee aussehen?
- Wie würde das Update vom Update der Idee aussehen?

Edison war nicht der Einzige, der nach dieser Methode vorging. Auch Steve Jobs war gut darin, vorhandene Ideen aufzugreifen, weiterzuspinnen und ihnen zum Durchbruch zu verhelfen.

Beispiel: Apple und die große Idee von Xerox. »Gute Künstler kopieren, großartige Künstler stehlen«, sagte Steve Jobs 1994 in der Silicon-Valley-Dokumentation »Triumph of the Nerds«. »Und wir haben immer schamlos gute Ideen geklaut.« Die Aussage bezieht sich auf die Idee, Computer nicht mit Buchstaben, sondern mit einer grafischen Benutzeroberfläche zu bedienen, also wie einen Schreibtisch zu gestalten, auf dem Symbole für Ordner, Dokumente und Programme liegen. Diese Idee wird eigentlich Apple zugeschrieben, ursprünglich stammt sie aber vom Kopiergerätehersteller Xerox. Steve Jobs hatte Wind davon bekommen, dass die Xerox-Entwickler eine bahnbrechende Idee entwickelt hatten. Er wollte sie unbedingt erfahren und versprach Xerox, beim bevorstehenden Börsengang von Apple eine Million US-Dollar in Apple investieren zu dürfen, denn er wusste, dass die Xerox-Manager verrückt nach Aktien von Apple waren. Dafür bekam er eine Präsentation, in der das neue Betriebssystem vorgestellt wurde. Jobs war begeistert. »Es war, als würde ein Schleier von meinen Augen weggezogen«, erklärte er rückblickend. »Ich konnte die Zukunft des Computers deutlich vor mir sehen.« Apple griff die Idee auf und entwickelte sie weiter. So wurden die Ordnerfenster zum Beispiel so programmiert, dass sie sich überlappen konnten.

Wenn es gelingt, die Grundidee wesentlich zu verbessern, hat man deutlich bessere Karten, als wenn man sie einfach nur kopiert. Das kann richtig Ärger geben. Was hier passieren kann, zeigt das Beispiel von Samsung. Ein kalifornisches Gericht hat das koreanische Unternehmen zu einer Milliarde US-Dollar Schadensersatz verurteilt, weil es angeblich patentgeschützte Elemente von Apples iPhone kopiert habe.

DIE WORKSHOP-TECHNIK.

GEHEN SIE IN KLAUSUR.

Es kann effizient sein, wenn sich das Team einen, zwei oder drei Tage aus dem Tagesgeschäft löst, um die Nuss zu knacken.

Am besten, man trifft sich nicht im Büro, sondern an einem anderen Ort. So besteht nicht die Gefahr, doch noch vom Tagesgeschäft aufgehalten zu werden. Ideal ist ein angenehmes Hotel, in dem man im Garten sitzen oder sich in Besprechungsräume zurückziehen kann.

Nach dem Briefing werden kleine Teams gebildet, und man nimmt sich drei, vier Stunden für die Ideenfindung Zeit. Dann trifft man sich wieder, und jedes Team stellt seine Ideen vor. Welche Ideentechnik die Teams verwenden, sollte man ihnen überlassen.
Wichtig ist, dass man sich nicht zu viel Zeit für die erste gemeinsame Besprechung lässt nach dem Motto »Wir brauchen mehr Zeit«. Denn bei der ersten Besprechung zeigt sich manchmal, dass die Aufgabe eben doch noch nicht jedem klar war und manche Teams sie anders interpretiert haben. Je eher man sich trifft, desto eher kann man diesen falschen Eindruck korrigieren.
Sich alle drei oder vier Stunden zu treffen ist ein guter Richtwert. Das ist ausreichend Zeit, sich etwas Neues auszudenken. Nach drei, vier Stunden ist man zudem reif für eine längere Pause und sicher auch neugierig, was sich die anderen überlegt haben.

Der Wettbewerb zwischen den Teams sorgt zusätzlich dafür, dass man motiviert ist und sich anstrengt. Bei den Treffen geht es auch darum, Ideen abzuklopfen, zu verbessern oder zu verwerfen. Kritik ist erlaubt und sogar erwünscht. Sich gegenseitig nur zu loben und Höflichkeiten auszutauschen, bringt keinen weiter.

Denkbar ist es übrigens auch, den Auftraggeber in den Workshop einzubeziehen. Er kann zum Beispiel die vorgestellten Ideen aus seiner Sicht bewerten. Dann muss man nicht mutmaßen, was der Kunde wohl darüber denkt – er sagt es einem.

Zusammengefasst: Die Workshop-Technik.

- Die Ausdenk-Teams werden aus dem Tagesgeschäft herausgelöst, um sich ganz auf die Aufgabe konzentrieren zu können.
- Man trifft sich an einem Ort außerhalb des Büros, zum Beispiel in einem Hotel.
- Zeitraum: ein, zwei oder drei Tage
- Die Teams werden gebrieft und beginnen sofort mit der Ideensuche.
- Nach drei oder vier Stunden stellt jedes Team seine besten Ideen vor. Man diskutiert darüber und stellt fest, ob wirklich jeder das Briefing verstanden hat.
- Die Teams ziehen sich wieder zum Ausdenken zurück und treffen sich erneut nach drei oder vier Stunden. Längere Zeit im Team zu bleiben, ist nicht sinnvoll.
- Man kann auch den Kunden einladen, die Ideen aus seiner Sicht vor Ort zu bewerten.

DIE 6-3-5-TECHNIK.

VIEL OUTPUT IN KURZER ZEIT.

Diese Technik geht auf Bernd Rohrbach und auf das Jahr 1968 zurück. Sechs Personen bekommen ein Blatt Papier, auf dem es drei Spalten mit sechs Zeilen gibt. Jeder schreibt drei Ideen in die drei Spalten. Nach drei bis fünf Minuten werden die Blätter im Uhrzeigersinn weitergereicht. Der Nächste soll nun versuchen, die drei Ideen auf dem Blatt aufzugreifen, weiterzuentwickeln und zu verbessern. Nach drei bis fünf weiteren Minuten wird das Blatt wieder weitergegeben.

Der Name »6-3-5-Technik« leitet sich daraus ab, dass sechs Teilnehmer jeweils drei Startideen entwickeln und danach fünfmal das Blatt weiterreichen. Auf diese Weise entstehen in kurzer Zeit maximal 108 Ideen, die anschließend gemeinsam gesichtet und diskutiert werden.

Das klingt nicht schlecht. Die Methode scheint also geeignet, in kurzer Zeit viel Output zu produzieren. Auf der anderen Seite ist der Ideenfindungsprozess sehr starr. Es kommt vor, dass der Prozess einigen Teilnehmern zu schnell geht, während ihn andere zu langsam finden.

Zusammengefasst: Die 6-3-5-Technik.

- Sechs Personen notieren auf einem Blatt Papier drei Ideen. Das Blatt hat drei Spalten mit sechs Zeilen.
- Nach drei bis fünf Minuten werden die Blätter im Uhrzeigersinn weitergegeben.
- Das Blatt wird fünfmal weitergereicht.
- So entstehen maximal 108 Ideen, die nun diskutiert werden.

storytelling

STORYTELLING-TECHNIKEN.

SO KOMMEN SIE AUF IDEEN FÜR GESCHICHTEN.

GESCHICHTEN ERKLÄREN UNS DIE WELT.

Storytelling ist ein Thema, dem seit einigen Jahren nahezu magische Kräfte nachgesagt wird. Das ist etwas verwunderlich, denn das Erzählen von Geschichten ist so alt wie die Menschheit. Schon die Bibel ist im Wesentlichen eine Sammlung von Erzählungen. Der Punkt, der dem Thema Storytelling heute so viel Rückenwind beschert, ist folgender: Wissenschaftler haben herausgefunden, dass Menschen sich Geschichten bis zu 22 Mal besser merken können als Fakten. Das sagt zum Beispiel Standford-Professorin Jennifer Aaker. Wenn ich mich also vor ein Publikum stelle und einen PowerPoint-Vortrag mit Bulletpoints halte, dann bleibt bestimmt etwas hängen, zumindest im Kurzzeitgedächtnis. Wenn ich den Leuten aber eine interessante Geschichte erzähle, die in eine Botschaft mündet, dann komme ich auf diese Weise mit etwas Glück und Geschick bis ins Langzeitgedächtnis.

Meine Freundin Conni. Warum haben Geschichten diese starke Wirkung? Warum sind sie reinen Fakten so dramatisch überlegen, wenn es darum geht, in den Köpfen des Publikums zu bleiben? Ich denke, es liegt daran, dass Geschichten für uns Menschen weit mehr sind als bloße Unterhaltung. Sie sind ein wertvolles Hilfsmittel im Leben. Geschichten helfen, uns in der Welt zurechtzufinden. Sie erklären uns die Welt und bereiten uns auf bestimmte Situationen vor.

Wunderbar beobachten kann man das an kleinen Kindern. Kinder lieben Geschichten. Sie können nicht genug davon bekommen. Denn über Geschichten sammeln sie Erfahrungen, die sie auf die Welt vorbereiten. Wenn Sie wieder einmal durch eine Buchhandlung gehen, dann achten Sie mal auf das Pixie-Männchen. Das ist eine Figur in der Kinderabteilung, die eine Schale mit vielen kleinen Büchlein hält. Werfen Sie mal einen Blick hinein und blättern Sie ein paar Conni-Büchlein durch. Conni erlebt stellvertretend für die Kinder alle möglichen Situationen.

- Conni kann nicht einschlafen
- Conni geht zum Kinderarzt
- Conni geht zum Kinderturnen
- Conni macht das Seepferdchen
- Conni geht aufs Töpfchen
- Conni kommt in den Kindergarten
- Conni hat Geburtstag
- Und so weiter ...

Die Erlebnisse von Conni sind liebevoll gezeichnet und mit kurzen Texten beschrieben. Papa und Mama lesen vor, die Kinder gucken und hören. So lernen sie, wie Conni sich in bestimmten Situationen verhält. Conni ist ein Vorbild für sie.

Das ist eine Tatsache, die im menschlichen Körper nachweisbar ist. Sogenannte Spiegelneuronen ermöglichen es uns, uns in andere hineinzuversetzen. Wenn wir eine Geschichte in einem Buch lesen, als Hörspiel hören oder im Kino verfolgen, dann versinken wir in der Story. Es ist, als würden wir geistig eine andere Welt betreten. Die Geschichten lassen uns nicht kalt, sie packen uns. Wir fiebern mit. Wie sagt schon Konrad Adenauer: »Abends, wenn ich abgespannt bin, greife ich instinktiv nach einem Edgar Wallace, bin im Nu in der Handlung, vergesse den ganzen Jammer des Alltags, bin froh und mutig.«

Emotional, anschaulich, nachvollziehbar und merkfähig. Geschichten handeln fast immer von Menschen. Oder von Tieren bzw. Dingen, die menschliche Eigenschaften haben. Schließlich interessiert den Menschen nichts so sehr wie der Mensch. Aus diesem Grund sind Geschichten fast schon automatisch emotional. Sie stellen ein Thema anschaulich dar. Wenn Sie zu einem kleinen Kind sagen »sei brav und ärgere die Nachbarin nicht«, dann ist das eine sachliche Information. Sie geht oft zum einen Ohr hinein und zum anderen wieder hinaus. Emotional, anschaulich, nachvollziehbar und merkfähig wird die Information, wenn Sie sie in eine Geschichte verpacken. Zum Beispiel in die Geschichte von Max und Moritz, die der Witwe Bolte sieben Streiche spielen und am Ende dafür büßen müssen. Der Autor, Wilhelm Busch, liefert in seiner Geschichte eine glasklare Botschaft: Wer sich so benimmt wie Max und Moritz, mit dem wird es ein schlimmes Ende nehmen. »Aber wehe, wehe, wehe! / Wenn ich auf das Ende sehe!«

Orientierung, Rat und Unterhaltung. Wir Menschen sind süchtig nach Geschichten. Wir haben zwar unzählige Fernsehprogramme und eine große Auswahl an neuen Kinofilmen, aber das reicht uns noch nicht. Wir brauchen immer mehr. Deshalb haben Anbieter wie Netflix,

»EINE GESCHICHTE IST DIE ATTRAKTIVE VERPACKUNG FÜR EINE BOTSCHAFT. DIE SCHÖNE VERPACKUNG MACHT LUST DARAUF, SIE ZU ENTDECKEN.«

Amazon Prime oder Disney+ auch so viel Erfolg. Sie versorgen uns mit immer neuen Serien. Kaum ist Game of Thrones auserzählt, startet Wikings durch. Ist Wikings zu Ende, geht es mit The Mandalorian weiter. Ein Ende wird es niemals geben, denn unser Durst nach Geschichten kann nicht gestillt werden. Zeit und Geld sind die einzigen Schranken, die unsere Sucht regulieren.

Diese Sucht hat einen guten Grund: Früher hing das Überleben eines Menschen von Geschichten ab. Die Menschen haben sich am Lagerfeuer versammelt und sich zum Beispiel Geschichten vom bösen Säbelzahntiger erzählt, der im grünen Tal hinter dem Dreizackberg lebt und alles frisst, was nicht bei drei auf den Bäumen ist. Diese Information war extrem wichtig und wurde über Geschichten verbreitet.

Geschichten hatten und haben außerdem die Funktion, ein Weltbild zu vermitteln. Warum ist die Welt, wie sie ist? Was soll das Ganze? Und was hat das alles mit mir zu tun? Wie soll ich mich verhalten? Was passiert, wenn ich das nicht möchte? Was passiert, wenn ich gegen die Regeln verstoße? Wo kommen wir her? Wo gehen wir hin? – Existentielle Fragen wie diese lassen sich gut über Geschichten beantworten. Geschichten haben also eine wichtige Funktion und können viel mehr sein als bloße Unterhaltung.

Geschichten aktivieren unser Holodeck. Was ist ein Holodeck? Dieser Begriff stammt aus einer Folge der Science-Fiction-Serie »Raumschiff Enterprise – Das nächste Jahrhundert«. Auf der Enterprise gibt es einen Raum, in dem der Computer die unterschiedlichsten Situationen simulieren kann. Von der Jazzkneipe bis hin zu einem französischen Weingut. Alles ist darstellbar. Und zwar so, dass die Besatzung in diese täuschend echt wirkende Umgebung hineingehen und mit ihr interagieren kann. Das Ganze sieht so aus, als wäre es echt. Wenn wir nun einen Roman aufschlagen oder uns ins Kino setzen, dann aktivieren wir unser eigenes Holodeck. Wir befinden uns dann in einem geistigen Übungsfeld, in dem wir uns über unsere Spiegelneuronen automatisch in die Geschichte hineinversetzen. Wenn wir uns mit dem Helden identifizieren können, erleben und fühlen wir mit.

Kleine Zwischenfrage: Mit welcher Art von Helden können sich die meisten Menschen identifizieren? Untersuchungen zeigen, dass zwei Drittel gewöhnliche Menschen als Helden bevorzugen. Normale Menschen interessieren sich besonders für andere normale Menschen, die etwas Außergewöhnliches erleben. Eigentlich logisch, denn gewöhnliche Menschen sind uns selbst am nächsten. Nur ein Drittel bevorzugt Promis oder CEOs als Helden einer Geschichte. Der Normalo ist daher weit als Held verbreitet. Er lebt ein normales Durchschnittsleben und wird plötzlich aus seinem Alltag gerissen und auf eine abenteuerliche Reise geschickt.

Wir durchleben die Geschichten nicht nur geistig, sondern auch körperlich. Das kann man nachweisen. Ist etwa im Roman von einem Rosengarten die Rede, der einen lieblichen, süßlichen Duft verströmt, dann wird in unserem Gehirn der olfaktorische Cortex aktiviert, der für Gerüche zuständig ist. Beschreibt der Autor einen hellblauen Himmel mit kleinen weißen Wölkchen, die zusammen an die Form eines Schafs erinnern, dann aktiviert diese Beschreibung unseren visuellen Cortex. Eine schallende Ohrfeige nehmen wir mit unserem sensorischen Cortex wahr und wenn der Held fliehen muss und wegrennt, dann kann man messen, dass diese Darstellung unseren motorischen Cortex aktiviert. Das heißt: Wir sind zwar in Wirklichkeit nicht dabei, aber unser Körper reagiert so, als wären wir es. Wir befinden uns in einer Simulation, in einer Übung. Das Ziel dabei: Sammle Erfahrung. Wenn jemand am Lagerfeuer eine Geschichte erzählt, findet etwas statt, das man eine neuronale Kopplung nennt. Darunter versteht man eine Gleichschaltung der Gehirne. Man ist sozusagen auf der gleichen Wellenlänge und mit dem Geschichtenerzähler verbunden. Allerdings ist das nur dann der Fall, wenn der Erzähler unsere Sprache verwendet. Benutzt der Erzähler Worte, mit denen wir nichts anfangen können und die uns irritieren (etwa wissenschaftliche Fachbegriffe), dann sind wir schnell wieder raus aus der Geschichte.

Geschichten halten das Interesse hoch. Wer sich mit dem Helden einer Geschichte identifizieren kann, der will erfahren, wie die Geschichte ausgeht. Das ist zunächst einmal eine bloße Behauptung. Doch diese Behauptung kann man belegen. In Untersuchungen haben Wissenschaftler herausgefunden, was im menschlichen Körper passiert, wenn man einer Geschichte folgt.

- Am Anfang der Geschichte schüttet der Körper Oxytocin aus. Das ist ein Bindungshormon, das die Empathie und das Verbundenheitsgefühl mit dem Helden erhöht. Oxytocin hilft uns also dabei, uns noch besser in den Helden hineinzuversetzen.
- Die Geschichte nimmt ihren Lauf, die Dramatik steigt. Nun schüttet der Körper Cortisol aus. Das ist ein Stresshormon, das uns hilft, die Ruhe zu bewahren und unsere Aufmerksamkeit zu fokussieren.
- Wenn es am Ende der Geschichte ein Happy End gibt und der Held sein Ziel erreicht, wird das Glückshormon Dopamin ausgeschüttet. Diese Dopamin-Ausschüttung ist der Grund, warum wir der Geschichte bis zum Ende folgen. Auf die Anspannung muss eine Entspannung folgen. Wir atmen durch und auf. Puh! Das ist ja gerade noch mal gutgegangen. Super! Wir freuen uns für den Helden, fühlen uns erleichtert und sind glücklich.

Eine Serienfolge mit offenem Ende befriedigt uns nicht. Wir wollen wissen, wie es weitergeht. Nein, wir müssen wissen, wie es weitergeht. Jetzt verstehen Sie vielleicht auch, warum Cliffhanger so viel Macht über uns haben. Darunter versteht man eine Geschichte, die so endet, dass wir unbedingt erfahren wollen, wie es weitergeht. Wir brennen auf die Fortsetzung. Gut beobachten kann man das zum Beispiel bei Serien wie Game of Thrones. Hier hat jede Folge ein hochdramatisches Ende, das plötzlich abbricht und den Zuschauer fragend zurücklässt. Er möchte nun unbedingt erfahren, wie es weitergeht. Oder anders gesagt: Sein Körper möchte unbedingt mit dem Glückshormon Dopamin belohnt werden. Aus diesem Grund funktionieren Serien mit Cliffhanger so hervorragend.

Drama, Drama, Drama – das Wesen von Geschichten. Kennen Sie die langweiligste Geschichte der Welt? Sie ist schnell erzählt: Eine Familie ist glücklich. Und wird noch glücklicher. Happy End.

Viel interessanter ist es, wenn es zu Schwierigkeiten und inneren sowie äußeren Konflikten kommt. Bei interessanten Geschichten will der Held unbedingt etwas und hat Schwierigkeiten, es zu bekommen. Er muss kämpfen, scheinbar unüberwindbare Hürden und Gegenspieler bezwingen und alles geben, um sein Ziel zu erreichen. Viele Autoren wissen genau, dass sie den Helden erst durch die Hölle schicken und die Spannungskurve dramatisch in die Höhe treiben müssen, bevor sie das Happy End ansteuern dürfen. Denn je größer die Anspannung, desto befriedigender ist die Entspannung am Ende. Wer dem Publikum allerdings das Happy End verwehrt, der muss mit Kritik an seinem Werk rechnen. Es gibt Regisseure, die halten ein Happy End für kitschig und entscheiden sich daher lieber für ein Ende, bei dem der Held nicht ans Ziel kommt. Das ist eine schlechte Entscheidung, die das Publikum verärgern dürfte. Die Zuschauer zittern mit und hoffen auf ein glückliches Ende, werden dann aber enttäuscht. Nein, das ist keine schöne Geschichte. Ich rate davon ab.

Ebenso wenig kann ich empfehlen, auf Drama in der Geschichte zu verzichten. Denn dann ist man schnell bei der Wir-sind-glücklich-und-werden-noch-glücklicher-Geschichte. Das ist wenig mitreißend. In der Praxis jedoch werden solche Geschichten häufiger erzählt als man denkt. Vor allem Unternehmen scheuen sich, ihre eigene Geschichte mit Brüchen und Schwierigkeiten darzustellen. Liest man auf den Webseiten von Unternehmen den Bereich »Firmenhistorie«, dann reiht sich meistens ein Erfolg an den nächsten und ein Meilenstein an den anderen. Eine interessante Geschichte aber lebt genau vom Gegenteil: von den Niederlagen, den Herausforderungen und Katastrophen, die man erfolgreich überwinden konnte.

Die Struktur von Geschichten. Ja, es gibt Vorgaben und Vorlagen für Strukturen. Aber ob man sich wirklich exakt daran halten muss, darüber gehen die Meinungen auseinander. Grundsätzlich können wir festhalten, dass jede Geschichte einen Anfang, einen Mittelteil und einen Schluss hat. Meistens wird am Anfang die Grundsituation geschildert. Wo spielt die Geschichte? Zu welcher Zeit spielt die Geschichte? Und um wen geht es? Das erfahren wir am Anfang. Dann passiert etwas, was die Geschichte in Gang bringt. Ein junger Normalo lebt in seiner Kleinstadt vor sich hin – doch eines Tages geschieht es … Der Held möchte etwas unbedingt und muss immer neue Herausforderungen meistern, um es zu bekommen. Wir sind schon fast sicher, dass er scheitern wird – aber dann verändert er sich, überwindet die letzte große Hürde und schafft es am Schluss eben doch. Super! Das Dopamin strömt und wir sind happy.

**»EINE INTERESSANTE
GESCHICHTE LEBT VON
DEN HERAUSFORDERUNGEN
UND KATASTROPHEN,
DIE DER HELD ERFOLGREICH
ÜBERWINDEN KONNTE.«**

WIE KOMMT MAN AUF GUTE IDEEN FÜR GESCHICHTEN?

Was zeichnet eine gute Geschichte aus? Kurz gesagt: Sie ist interessant und relevant.

Beginnen wir mit dem Punkt relevant. Wir haben erfahren, dass sich Menschen gern mit dem Helden identifizieren wollen. Wenn wir die Geschichte eines Wissenschaftlers lesen, der gerne Latein spricht und oft unverständliche mathematische Formeln vor sich hinmurmelt, dann weist das auf große Unterschiede zu uns hin. Mit so einer Person als Held wird es die Geschichte schwer haben, uns für sie zu begeistern. Es fehlt der Bezug zum Publikum, es fehlen die Anknüpfungspunkte. Wenn der Wissenschaftler nun eine Tablette erfinden würde, die jedem Menschen drei zusätzliche Lebensjahre schenkt, dann wäre ein relevanter Bezug zum Publikum da.

Der zweite Punkt, der besagt, dass eine Story interessant sein muss, ist leicht nachvollziehbar. Schließlich nehme ich mir nur dann Zeit, einer Geschichte zu folgen, wenn mich die Story interessiert. Was interessant ist, das hängt ganz von der Zielgruppe ab. Der eine findet nichts interessanter als Fußball. Der andere liebt Mode. Und ein Dritter hat eine Leidenschaft für Krimis.

Was ist interessant und relevant für das Publikum? Eine Antwort darauf kann man über Big Data und Marktforschung bekommen. Oder – weniger aufwändig, aber auch weniger genau – über das eigene Bauchgefühl.

Wie der Spiegel seine Geschichten erzählt. Betrachtet man die Reportagen des Nachrichtenmagazins »Der Spiegel«, dann kann man daran eine Erzählweise von Geschichten ablesen, die sie besonders

lebendig und anschaulich macht. Der Spiegel schreibt seine Reportagen gerne wie ein allwissender Erzähler. Der Spiegel weiß alles – das suggeriert das Magazin zumindest in seinen Texten. Die Erzähler rücken dicht heran an den Helden ihrer Geschichte und versuchen, das grundsätzliche Geschehen mit allen Hintergründen, Anlässen und Auswirkungen an diesem Helden festzumachen.
Wenn zum Beispiel die Börse durch einen Insiderhandel erschüttert wird, dann wäre es typisch für den Spiegel, sich an die Fersen eines Traders zu heften und zu schildern, was er erlebt. Dabei scheint der Spiegel wirklich alles bis ins letzte Detail zu wissen. Um wie viel Uhr er seinen ersten Kaffee trank, wie viel Grad der Kaffee hatte, wen er dann um wie viel Uhr angerufen hat, mit wem er heute auf keinen Fall sprechen wollte und so weiter. Die übergreifende Börsen-Affäre wird also über einen einzelnen Helden veranschaulicht und konkret greifbar gemacht. Ein alter Slogan des Magazins lautete: »Spiegel-Leser wissen mehr«. Genau dieses Gefühl soll dabei beim Leser entstehen.

Der Witz ist: Manche besonders gelungenen Reportagen im Spiegel waren frei erfunden. Der Journalist Claas Relotius hat für den Spiegel und andere Medien Texte geschrieben, die er sich zusammengedichtet hat. Trotzdem kann man vom Spiegel den folgenden Grundsatz lernen: Nichts interessiert Menschen so sehr wie Menschen. Deshalb handeln gute Geschichten von Menschen in bestimmten Situationen.

Ende, Anfang, Bogen – Wie Pixar auf Geschichten kommt. Die Pixar Animation Studios gehören zu einer Abteilung der Walt Disney Company und sind auf Filme mit Computeranimationen spezialisiert. Pixar hat zum Beispiel »Toy Story« auf die Leinwand gebracht, »Die Monster AG«, »Cars«, »Ratatouille«, »Oben« oder »Die Unglaublichen 2«, alles bekannte Hits. Das Unternehmen weiß also, wie man

Geschichten erzählt, die weltweit ein Millionenpublikum begeistern. Das Erfolgsrezept von Pixar bei der Ideenentwicklung ist, das Pferd sozusagen von hinten aufzuzäumen. Die Kreativen bei Pixar konzentrieren sich auf den Schluss des Films. Das macht Sinn, denn der Schluss ist das Bild, das beim Publikum nach dem Film am ehesten im Kopf bliebt. Es ist das Bild, mit dem das Publikum nach Hause geht.
Pixar fragt sich: Wie sieht der Schluss aus? Welcher Konflikt wird am Ende auf welche Weise gelöst? Was kann man daraus lernen, was soll die Aussage des Films sein? Diese Fragen führen dazu, dass man sich automatisch damit beschäftigt, wie der Grundkonflikt aussieht. Pixar überlegt sich zuerst das Ende, dann den Anfang und erzählt die Geschichte als Spannungsbogen vom Anfang zum Ende. Das hat den Vorteil, dass man immer exakt so endet, wie man es möchte. Die Autoren verzetteln sich nicht, sie kommen präzise ans Ziel.

Der erste Satz – Wie Michael Ende auf Geschichten kam. Michael Ende gehörte zu den erfolgreichsten deutschen Jugendbuchautoren seiner Zeit. Ihm verdanken wir Klassiker wie »Die unendliche Geschichte«, »Momo« und »Jim Knopf und Lukas, der Lokomotivführer«. Während Pixar genau weiß, wie die Geschichte ausgeht und vom Schluss her denkt, macht Michael Ende genau das Gegenteil: Ende konzentriert sich auf den Anfang. Er schreibt den ersten Satz, ohne eine Vorstellung davon zu haben, wo das Ganze hinführt.

Über seinen ersten großen Erfolg, Jim Knopf, gibt es ein interessantes Zitat, das man auf Wikipedia.de nachlesen kann:
»Ich setzte mich also an meine Schreibmaschine und schrieb: ›Das Land, in dem Lukas, der Lokomotivführer, lebte, war nur sehr klein.‹ Das war der erste Satz, und ich hatte nicht die geringste Vorstellung, wie der zweite heißen würde. Ich hatte keinerlei Plan zu einer Geschichte

und keine Idee. Ich ließ mich einfach ganz absichtslos von einem Satz zum anderen, von einem Einfall zum nächsten führen. So entdeckte ich das Schreiben als ein Abenteuer. Die Geschichte wuchs und wuchs, immer mehr Gestalten stellten sich ein, Handlungsfäden begannen zu meinem eigenen Erstaunen sich durcheinander zu weben.«
Was auf den ersten Blick eher nach einem Glückstreffer klingt, ist bei näherer Betrachtung gar nicht so verrückt. Steven King etwa geht ähnlich vor. Auch bei ihm steht ein kurzer, einfacher Grundgedanke am Anfang der Geschichte, aus dem sich alles Weitere entwickelt.

What if ...? – Wie Steven King auf Geschichten kommt. Steven King ist einer der bekanntesten und erfolgreichsten Autoren der Gegenwart. Seine Technik des Storytellings basiert auf einem einfachen Grundgedanken: »What if ...?« Was wäre, wenn? King überlegt sich Situationen, die interessant und relevant für sein Publikum sind. Das ist sein Startpunkt, von dem aus sich die Geschichte sozusagen von selbst schreibt.

King selbst erklärt seine Methode folgendermaßen: »Die interessantesten Situationen lassen sich gewöhnlich als eine Was-wäre-wenn-Frage formulieren: Was wäre, wenn Vampire in ein kleines Dorf in Neuengland einfallen würden? (»Brennen muss Salem«). Was wäre, wenn eine junge Mutter und ihr Sohn von einem tollwütigen Hund in ihrem defekten Auto gefangen würden? (»Cujo«). Das waren Situationen, die mir einfielen – beim Duschen, beim Autofahren, bei meinem täglichen Spaziergang – und die ich schließlich in Bücher verwandelte. In keinem Fall wurden sie geplottet, nicht einmal in der Ausdehnung einer einzigen Notiz, die auf ein einziges Stück Altpapier geschrieben wurde.«[24]

24 King, Stephen: »How to write«. In: The Observer, 1. Oktober 2000

Das Glücksrad der Elemente – Wie Edgar Wallace angeblich auf Geschichten kam. Edgar Wallace war einer der erfolgreichsten englischsprachigen Kriminalschriftsteller. Er war überaus fleißig und schrieb Geschichten am laufenden Band, wie in einer Fabrik. Es ist überliefert, dass Wallace an mehreren Geschichten gleichzeitig arbeitete und den 320-Seiten-Roman »Die seltsame Gräfin« an nur vier Tagen schrieb. Der Grund dafür: Wallace hatte einen aufwändigen Lebensstil und wann immer er Geld brauchte, schrieb er gezielt einen Bestseller. Dieser Plan ging zwar auf, aber das Geld, das er so verdiente, war schnell wieder ausgegeben.

Wer einige Bücher von Edgar Wallace gelesen hat, der merkt, dass sich manche Elemente wiederholen. Man liest das gleiche Buch – nur immer wieder anders. Wallace hatte nämlich ein exzellentes Gespür dafür, was sein Publikum interessant fand: exotische Morde, bei denen die Bösen bestraft wurden. Die exotischen, ja bizarren Morde spiegeln sich in den Buchtiteln wider: »Der schwarze Abt«. »Der unheimliche Mönch«. »Die toten Augen von London«. »Die Bande des Schreckens«. »Die gelbe Schlange«. »Der Hexer«. Und so weiter.

Wallace wurde nachgesagt, er habe ein großes Rad, auf dem typische Elemente seiner Geschichten stehen und das er wie ein Glücksrad drehe, um die immer gleichen Elemente neu zusammenzustellen:

- Das bizarre Rätsel (schwarzer Abt/unheimlicher Mönch)
- Der ehrgeizige und eitle Ermittler, der den guten und fähigen Chefermittler verdrängen möchte
- Der Chefermittler, der sein Bestes gibt, den Fall zu lösen
- Die junge, unschuldige, arme Frau, der ein Vermögen zusteht, von dem sie aber nichts ahnt
- Der Schurke, der sich als Gutmensch tarnt
- Die Überraschung, dass der vermeintlich Böse gut und der vermeintlich Gute böse ist

Ob die Geschichte mit dem Rad der Elemente stimmt, weiß ich nicht. Ich habe in meiner Jungend bestimmt 30 von Wallace Kriminalromanen gelesen und kann sagen: Ja, denkbar wäre es. Aber unterhaltsam sind seine Geschichten allemal.

»Aber eines Tages …« – Mit The Story Spine auf Geschichten kommen. »The Story Spine«, also das Rückgrat der Geschichte, ist eine Art Formular, das aus dem Improvisationstheater kommt. Es hilft uns, eine Geschichte schnell und einfach zu entwerfen. Der Grundgedanke dabei ist: Eines Tages ändert sich ein gewohnter Ablauf, es entsteht ein Konflikt, der die Geschichte in Gang setzt. Ein Held zieht los, die Herausforderung zu meistern. Er muss immer schwierigere Hindernisse überwinden, bis er am Ende erfolgreich ist oder untergeht.

Formular	Struktur	Funktion
Es war einmal …	Anfang	Ort und Zeit der Handlung sowie der Held werden vorgestellt.
Jeden Tag …	Anfang	Der Alltag wird dargestellt.
Aber eines Tages geschah Folgendes …	Anfang	Eines Tages ändert sich etwas, das die Geschichte in Gang bringt. Ein Konflikt, ein großes Ziel.
Daher …	Mitte	Die Änderung im Alltag hat Konsequenzen. Der Held verfolgt sein Ziel und muss Widerstände überwinden.
Deshalb …	Mitte	
So kam es, dass …	Mitte	

Formular	Struktur	Funktion
Bis schließlich ...	Höhepunkt	Der Held verwandelt sich und meistert so die letzte Aufgabe.
Und seitdem ...	Schluss	Ein neuer Alltag wird dargestellt.

It's all about Change – Mit dem Dreisprung auf Geschichten kommen. In Storytelling-Seminaren oder -Workshops male ich gerne ein Strichmännchen an die Wand (ich würde gern einen tollen Helden oder eine tolle Heldin zeichnen, aber leider reicht mein Talent nur für ein bescheidenes Strichmännchen). Die Figur durchläuft drei Phasen.

- Phase 1 ist der Status Quo, das Strichmännchen schaut freundlich.
- Phase 2 ist der Konflikt, das Strichmännchen hat die Mundwinkel nach unten gezogen.
- Und Phase 3 schließlich beschreibt die Veränderung. Das Strichmännchen jubelt und hat je nach Geschichte eine Krone auf dem Kopf oder eine leuchtende Glühlampe oder ein Herz über sich. Die letzte Phase macht deutlich, was der Kern von großen Geschichten ist: die Veränderung. Leben ist Veränderung. Es gehört zum menschlichen Wesen, sich permanent verbessern zu wollen. Wir sind nie zufrieden. Jedenfalls nicht lange. Geschichten erzählen uns, wie so eine Veränderung funktioniert.

Phase 1 und Phase 3 zeigen plakativ den Vorher/Nachher-Effekt. Phase 2 sorgt dafür, dass sich der Held bewegt und die Geschichte Fahrt aufnimmt. Ohne Konflikt bleibt alles, wie es war. Der Held gibt sich keine Mühe, sich zu verändern. Deshalb sind Krisen immer auch eine Chance, sich zum Besseren zu verändern.

Wie kann man mit diesem Dreisprung arbeiten? Überlegen Sie sich zunächst, wer der Held der Geschichte ist. Denken Sie nun darüber nach, in welcher Situation der Held ist und wie sich seine Situation am Ende der Geschichte verändert haben soll. Nun brauchen Sie noch den Konflikt, der die Geschichte in Gang bringt. Fertig, das Grundgerüst steht.

Übrigens: Neben dem Helden können wir noch eine weitere Person ergänzen: den Mentor. Der Mentor ermöglicht dem Helden etwas. Er hilft, überzeugt, motiviert und inspiriert den Helden. Er vermittelt Wissen und Fähigkeiten, bringt den Helden zum Beispiel mit einem magischen Gegenstand weiter oder rettet ihn. Beispiele für Mentoren sind etwa Gandalf in »Herr der Ringe«, der Frodo auf seiner Heldenreise unterstützt. Oder Meister Yoda in »Star Wars«, der den jungen Skywalker unterrichtet. Oder Morpheus in der Matrix-Reihe, der Neo beisteht. Gerade moderne Unternehmen nehmen gerne die Rolle eines Mentoren ein und versuchen, die Kunden zu befähigen, etwas zu tun.

Auf & ab – Mit der Achterbahn-Technik auf Geschichten kommen. Willkommen im Zeitalter, in dem die Menschen von Geschichten überflutet werden. Die nächste Story ist nur einen Klick entfernt. Geschichtenerzähler haben sich an diese Bedingungen angepasst. Früher hat sich ein Geschichtenerzähler am Anfang Zeit lassen können, um zunächst in aller Ruhe die Ausgangssituation darzustellen. Heute scheint er von der ersten Sekunde an Vollgas geben zu müssen. Zumindest beginnen viele Filme ganz bewusst mit nervenaufreibender Action. Das Publikum wird ins kalte Wasser geworfen. Zum Beispiel so: Ein roter und ein schwarzer Sportwagen liefern sich auf einer engen Serpentinenstraße eine Verfolgungsjagd. Im roten Flitzer sitzt eine geheimnisvolle Brünette, im schwarzen Wagen zwei Muskelprotze. Ein Helikopter taucht aus dem Nichts auf und feuert Raketen auf die Fahrerin ab. Ihr Wagen macht eine Vollbremsung, sie springt in den Abgrund – und taucht gleich darauf wieder auf: an einem Fallschirm. Das Adrenalin rauscht, das Herz rast. Was passiert hier? Der Zuschauer wird in die Handlung hineingezogen, indem sie Fragen aufwirft und sofort aus allen Rohren feuert.

»Ein Film muss mit einem Erdbeben beginnen und sich dann langsam steigern«, hat der US-amerikanische Filmproduzent Samuel Goldwyn einmal gesagt. Das ist ein schöner Gedanke, taugt aber in der Praxis nur für den Beginn der Geschichte. In Wirklichkeit ist es eher eine Achterbahnfahrt, auf die wir das Publikum mitnehmen. Wir beginnen extrem stark, dann kommt auch mal ein etwas ruhigerer Abschnitt. Immer nur Action, die sich immer weiter steigert – das kann nicht gut gehen. Anspannung und Entspannung müssen sich abwechseln. Man muss das Publikum auch mal verschnaufen lassen.

Vom Leben abgeschaut – Mit der »Inspired by Life«-Technik auf Geschichten kommen. Der Moderator Rudi Carrell hat einmal gesagt: »Witze kann man nur dann aus dem Ärmel schütteln, wenn man sie vorher hineingesteckt hat.« Übertragen auf Geschichten könnte man sagen: Man kann das am besten erzählen, was man selbst erlebt hat. Nun ist es sicher nicht nötig, alle Geschichten, die man erzählen möchte, selbst erlebt zu haben. Aber man kann sich vom Leben inspirieren lassen. Ideen und Geschichten sind überall. Wer aufmerksam ist, sich für andere interessiert und zuhören kann, der sammelt einen großen Schatz, aus dem er immer wieder schöpfen kann. Geschichten, die das Leben schrieb, sind oft am besten.

Haltung zeigen! – Mit der »Start with why«-Technik auf Geschichten kommen. »People don't buy what you do; people buy why you do it«, sagt der Autor Simon Sinek und rät: »Start with why«. Die meisten Unternehmen, so Sinek, wissen, was sie tun (etwa Autos bauen) und wie sie es tun (Fertigungsstraße, Logistik etc.). Aber: Die wenigsten Unternehmen wissen auch, warum sie das eigentlich tun, so der Ansatz von Simon Sinek. Ihnen fehlt ein höheres Ziel, eine übergeordnete Vision, die sie mit einer klaren Haltung zum Ausdruck bringen könnten. Sein Rat lautet, sich zunächst darüber klar zu werden, warum der Held macht, was er macht. Was ist seine Vision, seine Haltung, seine Überzeugung?

Hier drei Beispiele.
Apple verkauft nicht nur Handys und Computer. Apple ist überzeugt davon, dass Menschen mit Leidenschaft den Status Quo herausfordern können. Mit der Unterstützung und Inspiration von Apple. Claim: »Think different«.

Nike verkauft nicht nur Laufschuhe. Nike ist überzeugt davon, dass Sportler über sich hinauswachsen können. Mit der Hilfe und der Inspiration von Nike. Claim: »Just do it«.

Coca-Cola verkauft nicht nur Zuckerwasser. Coca-Cola ist überzeugt davon, dass eine Flasche Coca-Cola erfrischen und inspirieren kann und Momente voller Optimismus und Glück ermöglicht. Claim: »Mach dir Freude auf«.

Schema F – Mit den sieben Grundplots von Christopher Booker auf Geschichten kommen. Für Christopher Booker kann man jede Geschichte der Welt einem von sieben Grundplots zuordnen:

1. **Held gegen Monster.** Das Monster erscheint übermächtig, kann aber am Ende durch den Mut und den Einfallsreichtum des Helden besiegt werden.
2. **Vom Tellerwäscher zum Millionär.** Der Held lebt in ärmlichen Verhältnissen, kommt zu Reichtum, verliert aber alles wieder. Erst, nachdem er sich weiterentwickelt hat, bekommt er seinen Reichtum zurück.
3. **The Quest.** Der Held bricht auf, um eine Herausforderung zu meistern.
4. **Reise & Rückkehr.** Der Held taucht in eine unbekannte Welt ein, muss Hindernisse überwinden und kehrt am Ende mit Erkenntnissen in die gewohnte Welt zurück.
5. **Komödie.** Damit sich zwei Liebende finden, müssen erst Verwirrungen und Missverständnisse aufgelöst werden.
6. **Tragödie.** Eine Umkehrung des Monster-Plots. Der Held wird selbst zum Monster und wird am Ende besiegt.
7. **Wiedergeburt.** Die Geschichte steuert auf ein Tragödien-Ende zu. Da der Held seine Fehler jedoch rechtzeitig erkennt und sich verändert, geht alles gut.

Das ist ja interessant – Mit den fünf Erfolgselementen auf Geschichten kommen. Wer Geschichten erzählen möchte, die andere interessant finden, kann seine Story mit fünf Elementen anreichern oder sie gleich als Dreh- und Angelpunkt nutzen.

1. **Emotionen.** Erst, wenn eine Geschichte emotional ist, berührt sie uns wirklich.
2. **Wettbewerb.** Eine Challenge sorgt für Spannung und Nervenkitzel.
3. **Fragezeichen.** Informationslücken – etwa in Krimis – schüren unsere Neugierde und lassen uns dranbleiben.

4. **Real-Life.** Der Reiz des Realen fesselt unsere Aufmerksamkeit. Echte Geschichten sind besonders interessant.
5. **Das Ungleichgewicht.** Wenn eine Geschichte mit einem Unrecht beginnt, dann wollen wir Gerechtigkeit sehen. Wenn jemand am Anfang sucht, dann wollen wir sehen, wie er findet. Unterdrückung fordert einen Aufstand, Verrat erfordert Rache und ganz allgemein gesagt: Auf Spannung muss Entspannung folgen. Das Publikum wartet gebannt darauf, dass das Ungleichgewicht wieder in Balance kommt.

Ich habe dieses Schema »die fünf Erfolgselemente« genannt, aber das heißt nicht, dass man in einer Geschichte gleich alle Elemente einbauen muss. Ein Element kann schon ausreichen.

VORSICHT VOR GESCHICHTEN MIT NEGATIVEM EFFEKT.

Eine Geschichte ist wie eine mächtige Waffe, die man gerne unterschätzt. Sie kann große Wirkung entfalten. Sowohl positiv als auch negativ. Das bedeutet: Bevor Sie eine Geschichte erzählen, sollten Sie sich gut überlegen, was sie damit auslösen können. Wahrscheinlich denken Sie jetzt: Na ja, was kann durch eine Geschichte schon Schlimmes passieren?

Hier ein Beispiel. Im Werbespot »EasyTravel« von Vodafone sehen wir, wie ein junges Backpacker-Paar irgendwo im Nirgendwo in einen Bus steigt. Ein Kleinkind beginnt zu schreien. Die Fahrgäste im Bus sind genervt. Die Mutter kann das vielleicht gerade einmal zwei Jahre alte

Mädchen nicht beruhigen, der junge Backpacker schon. Er zeigt der Kleinen einen Film auf seinem Handy. Das Kind hört auf zu schreien und schaut aufs Handy. Ein Sprecher sagt: »Netz, wenn's drauf ankommt. Mit EasyTravel in 39 Ländern inklusive USA und Kanada flat surfen wie zuhause.« Und so weiter. Wir lernen also: Wenn ein Kind schreit, einfach das Handy hinhalten und das Kind ist ruhig. Fatalerweise hat die Geschichte einen Haken: Aufs Handy glotzen und Filme gucken schädigt das Gehirn von Kindern.

Auf Fokus.de kann man dazu lesen: »Dass das ständige Starren auf den Bildschirm gerade für Kinder nicht gesund ist, sagt einem eigentlich schon der gesunde Menschenverstand. Doch eine Studie von US-Medizinern vom Cinncincinnati Children's Hospital Medical Center weist jetzt auch wissenschaftlich nach, dass Handys, Tablets und Co. nicht gut für die Gesundheit unserer Kleinen sind. (Darin) stellten die Forscher um John Hutton fest, dass sich zu hoher Bildschirm-Konsum negativ auf die weiße Gehirnmasse der Kinder auswirkt. Diese ist für die Entwicklung der Sprach- und Schreibfertigkeiten enorm wichtig.«[25] Das Beispiel zeigt also, dass es auch Geschichten gibt, die man besser nicht erzählen sollte. Wirklich durchdacht ist die Geschichte so oder so nicht. Denn raten Sie mal, was passiert, wenn man einem Kleinkind erst einen Film auf dem Handy zeigt und ihm dann das Smartphone wieder wegnimmt. Richtig: Es schreit. Und zwar mindestens so laut wie vorher.

---

25 Quelle: Fokus.de, https://www.focus.de/familie/eltern/kindergesundheit/kinder-haben-weniger-weisse-gehirnmasse-hirnforscher-warnen-vor-folgen-der-handynutzung_id_11321531.html

TIPPS FÜR IDEENSUCHER.

SO WERDEN SIE LEICHTER FÜNDIG.

DAS VIEL-HILFT-VIEL-PRINZIP.

Das Prinzip ist einfach, aber es ist gut, wenn man es sich bewusst macht. Viel hilft viel heißt: Wer viele Ideen produziert, hat mehr Chancen, einen Treffer zu laden. Die Auswahl ist größer.
Außerdem zeigt sich in der Praxis, dass man oft erst mal die naheliegenden, langweiligen Ideen heben muss, bevor man tiefer graben und die wirklich interessanten Insights und Ideen zutage fördern kann. Wer sich mit der ersten Idee zufriedengibt, wird kaum etwas Brillantes schaffen.

Das Viel-hilft-viel-Prinzip habe ich bei Jung von Matt kennengelernt. Es ist vielleicht keine angenehme Wahrheit, aber leider nun mal zutreffend: Schon im Volksmund heißt es »Ohne Fleiß kein Preis«. Das kann man alles rational nachvollziehen.
In der Praxis jedoch bekommt man es mit dem Problem zu tun, dass man sich nach der ersten guten Idee so darüber freut, dann man ge-

neigt ist, die Ideensuche als abgeschlossen zu betrachten. Schließlich hat man doch schon eine gute Idee.

An dieser Stelle trennt sich die Spreu vom Weizen. Die exzellenten Kreativen bleiben unzufrieden und arbeiten weiter. Vielleicht auch deshalb, weil sie wissen, dass einem eine noch viel bessere Idee über den Weg laufen kann. Es heißt: »Das Bessere ist der Feind des Guten«. Und so ist es auch. Wer die Klasse seiner Ideen verbessern will, muss erst mal Masse liefern. Der Kreativstar Marcello Serpa etwa sagt von sich, dass er bei zwei gebrieften Anzeigen 40 entwirft, 20 präsentiert und mit acht genehmigten aus der Präsentation geht.

Viel Input. »Viel hilft viel« gilt übrigens auch für den Input. Wer sich viele Dinge ansieht und durchliest, der nimmt mehr Informationen auf, die das Gehirn als Spielmasse verwenden kann. Es liegt auf der Hand, dass Kreative, die aus einem umfangreichen Wissen schöpfen können, mehr Möglichkeiten haben, die vorhandenen Informationen neu miteinander zu kombinieren. Das Viel-hilft-viel-Prinzip führt im besten Fall dazu, dass Sie sich jeden Tag frischen Input holen.

Wie Sie das tun, bleibt ganz Ihnen überlassen. Lesen Sie Zeitung, schauen Sie Nachrichten, unterhalten Sie sich, lesen Sie ein Buch, gehen Sie ins Kino, lassen Sie sich in einer Buchhandlung oder in einer Musikabteilung inspirieren, fahren Sie U-Bahn, und achten Sie auf die Menschen um sich herum – kurzum: Werden Sie zu einem Schwamm, der überall Informationen aufsaugt. Je vielfältiger und abwechslungsreicher, desto besser.

Übung: Trainieren Sie Ihren Kreativmuskel. Diese Übung geht zurück auf Claudia Azula Altucher und ist recht einfach: Schreiben Sie jeden Tag 10 Ideen auf. Die Ideen müssen nicht gut sein, es kommt darauf an, über die Regelmäßigkeit des Nachdenkens den Kreativmuskel

»KREATIVITÄT IST AUCH EINE ÜBUNGSSACHE. WENN MAN SICH JEDEN TAG MIT DER IDEENSUCHE BESCHÄFTIGT, FÄLLT SIE EINEM MIT DER ZEIT LEICHTER.«

zu fordern. Daher ist es wichtig, wirklich jeden Tag 10 Ideen zu notieren. Wenn Sie an einem Tag nicht 10 Ideen schaffen, müssen Sie am nächsten Tag 20 aufschreiben.

Interessant ist in diesem Zusammenhang eine Beobachtung von Stephen King, dem Horror-Schriftsteller, der für seinen hohen Output bekannt ist. Stephen King hatte einen schlimmen Unfall und kam für längere Zeit ins Krankenhaus. Während dieser Zeit konnte er nicht schreiben. Als er das Krankenhaus verlassen durfte und sich wieder an ein Buch setzte, fiel ihm das Schreiben ungewöhnlich schwer. Sein Kreativmuskel war verkümmert, und er musste ihn mühsam wieder aufbauen.

Den Kreativmuskel mit 10 Ideen am Tag trainieren.

- Besorgen Sie sich ein kleines Notizbuch.
- Legen Sie eine Zeit am Tag fest, zu der Sie sich die 10 Ideen überlegen wollen.
- Schreiben Sie die Ideen so kurz und einfach wie möglich in das Notizbuch. Geben Sie sich jeden Tag ein neues Thema vor, zu dem Sie die 10 Ideen suchen. Das macht es deutlich einfacher. Sie brauchen eine Denkrichtung. (Weiter unten finden Sie einige Beispiele.)
- Schalten Sie den internen Kritiker aus. Die Ideen müssen nicht unbedingt gut sein. Die Wiederholung bringt den Erfolg.
- Schreiben Sie nach den 10 Ideen das Thema des nächsten Tages auf. Wenn Sie das Thema erst am nächsten Tag festlegen, werden Sie wahrscheinlich erstaunlich lange dafür brauchen.

- Bleiben Sie unbedingt dran! Sollten Sie einmal keine 10 Ideen haben, müssen Sie am nächsten Tag 20 Ideen notieren.
- Fragen Sie sich alle zwei Wochen, ob Sie eine Veränderung bei der Ideensuche bemerken? Fällt es Ihnen schon leichter?

Um Ihnen den Start etwas zu erleichtern, habe ich hier einige Beispielthemen zusammengestellt:

- 10 Ideen, wie man die Welt ein bisschen besser machen könnte.
- 10 Ideen, wie ich sportlicher werden kann.
- 10 Ideen, wie ich meine Wohnung verschönern kann.
- 10 Ideen, wo ich Urlaub machen könnte.
- 10 Ideen, welche neuen Süßigkeiten man erfinden könnte.
- 10 Ideen, wie man einen Tisch anders nutzen könnte.
- 10 Ideen, wie ich produktiver werde.
- 10 Ideen, wie ich mich auf einer Kostümparty lächerlich machen könnte.

WAS TUN, WENN GAR NICHTS MEHR GEHT?

Sie haben alle Ideentechniken angewandt, aber was Sie auch tun: Eine richtig gute Idee will einfach nicht auftauchen. Sie haben auch schon die Bullshit-Technik angewandt, um sich locker zu machen und den Knoten im Kopf zu lösen. Alles vergeblich. Es gibt den schönen bayerischen Spruch: »Und ist der Berg auch noch so steil, a bissal woas geht allerweil.« Meistens ist das auch so. Man muss sich manchmal etwas quälen, wenn der Weg gerade unwegsam und steil ist. Da muss man durch.

Aber nehmen wir einmal an, es geht selbst nach stundenlangen konzentrierten Bemühungen wirklich keinen Millimeter mehr voran.
Der erste Rat: Nur keine Panik! Machen Sie sich locker, machen Sie Feierabend. Am nächsten Tag sieht die Welt meistens schon wieder ganz anders aus.
Hilfreich ist auch, die Situation wieder ins Verhältnis zu setzen. Sicher: Das ist ein Problem, keine Frage. Aber wirklich bedrohlich sind andere Probleme. Ein Unfall, eine Krankheit, Drogensucht, Hunger – solche Dinge. Seien Sie also froh, nur ein Luxusproblem am Hals zu haben.

Lösungsvorschläge. Was können Sie konkret tun, um sich aus diesem Tal wieder herauszuarbeiten?

- Recherchieren Sie Benchmark-Ideen, und lassen Sie sich davon inspirieren.
- Suchen Sie sich Musiktitel und YouTube-Videos heraus, die Sie anstacheln und Ihr Energieniveau nach oben treiben.
- Lassen Sie sich in einen Motivationsrausch treiben.
- Machen Sie sich nicht zu viele Sorgen.
- Konzentrieren Sie sich auf die Aufgabe.

Sie werden sehen: Die Ideen werden nicht lange auf sich warten lassen.

Aufgeben? Niemals! Weigern Sie sich standhaft, klein beizugeben. Bleiben Sie dran. Sobald der Gedanke, aufzugeben, aufkommt: Jagen Sie ihn sofort davon, und sagen Sie ihm, dass er sich nie wieder bei Ihnen blicken lassen soll.

Erste Hilfe, wenn Sie nicht weiterkommen.

- Keine Panik, das verkrampft nur noch mehr. Lehnen Sie sich zurück, und machen Sie eine Pause.
- Stehen Sie auf, und machen Sie einen kurzen Spaziergang.
- Verändern Sie den Ort, an dem Sie nachdenken.
- Tauschen Sie den Teampartner.
- Gehen Sie die Ideen-Techniken durch, versuchen Sie die Techniken, die Ihnen liegen.
- Immer noch keine Idee? Versuchen Sie eine Technik, die Ihnen gar nicht liegt.
- Sprechen Sie mit jemandem, der nichts damit zu tun hat, über die Aufgabe.
- Spielen Sie die Bullshit-Technik durch.
- Schlafen Sie eine Nacht darüber, und machen Sie sich bewusst, dass das Briefing ein Luxusproblem ist. Sie sind nicht todkrank, Sie müssen nur eine Idee finden. Bleiben Sie entspannt, Ihr Leben ist nicht in Gefahr.
- Motivieren Sie sich mit Musik und Videos, lassen Sie sich von Benchmark-Ideen inspirieren
- Weigern Sie sich, aufzugeben.

»EINE EXZELLENTE IDEE MUSS KEIN ZUFALL SEIN. MIT EINER MISCHUNG AUS RICHTIGER EINSTELLUNG, KONZENTRATION, MOTIVATION UND EINEM KLUGEN VORGEHEN KOMMEN SIE ZUVERLÄSSIG ZU GUTEN ERGEBNISSEN.«

SCHRITT FÜR SCHRITT ZUR IDEE.

Im Folgenden fasse ich die wichtigsten Schritte und Punkte, die Sie kennengelernt haben, zusammen. Auf diese Weise sollten Sie Sicherheit bei Ihrer Ideenfindung gewinnen.

Machen Sie Ihre Hausaufgaben.

- Wie ist die Marktsituation?
- Worin besteht das Problem?
- Ist das wirklich das Problem?
- Was soll erreicht, bewegt oder verändert werden?
- Wie ist die Historie des Unternehmens?
- Welche Konkurrenten gibt es, und was machen sie?
- Wer ist die Zielgruppe?
- Was soll die Zielgruppe denken, wenn sie die Idee sieht?
- Was ist die Botschaft an die Zielgruppe?
- Welche Tonalität soll die Idee haben?
- Gibt es Benchmark-Ideen auf dem Markt?
- Gibt es Benchmark-Ideen auf vergleichbaren Märkten?
- Gibt es internationale Benchmark-Ideen?
- Gibt es sonst noch etwas zu beachten?

Werden Sie zum Experten.

- Arbeiten Sie sich in das Thema hinein.
- Sprechen Sie mit Vertretern der Zielgruppe, dem Auftraggeber, Beteiligten und Unbeteiligten.

Lassen Sie Ihr gesammeltes Wissen los.

- Stellen Sie sich dumm und naiv.
- Vergessen Sie alle Vorurteile und scheinbaren Gesetze auf dem Markt.

Überprüfen Sie Ihre innere Einstellung.

- Machen Sie sich klar, warum Sie eine brillante Idee ausdenken wollen.
- Nehmen Sie sich fest vor, sich nicht mit Mittelmaß zufriedenzugeben, sondern sich etwas Exzellentes auszudenken.
- Glauben Sie daran, dass Sie das schaffen können.
- Nehmen Sie sich die Freiheit, alle Gedanken zuzulassen, auch irrationale.
- Motivieren Sie sich mit Benchmark-Ideen.
- Motivieren Sie sich mit der »Mein Problem«-Technik.
- Motivieren Sie sich mit der Woop-Methode.
- Motivieren Sie sich gegebenenfalls mit der Wettkampf-Technik oder mit der Strike-Back-Technik.
- Falls Ihre Motivation immer noch nicht hoch genug ist: Nutzen Sie die Idol-Technik, die Musik-Technik oder die Große-Bilder-Technik.
- Letzte Motivationsmöglichkeit: die 60-Minuten-Technik.

Legen Sie ohne Aufschieberitis los.

- Etablieren Sie morgens ein Ritual, das damit endet, dass Sie die Aufgabe in einem Satz zusammenfassen und loslegen. Ein sinnvolles Ritual ist zum Beispiel, eine To-do-Liste für den Tag zu erstellen.
- Räumen Sie Ihren Computerdesktop, Ihren Schreibtisch und Ihr Büro auf (so wenige Elemente wie möglich).

- Räumen Sie jetzt auch Ihren Kopf auf, indem Sie Gedanken auf eine To-do-Liste auslagern und Termine in einen Kalender mit Weckfunktion eintragen.
- Schalten Sie Ihr Mailprogramm für eine gewisse Zeit aus.
- Stellen Sie Ihr Telefon auf lautlos.
- Hängen Sie ein Do-Not-Disturb-Schild an die Bürotür
- Sollte Ihr Arbeitsplatz zu laut oder zu hektisch sein: Suchen Sie sich einen geeigneteren Platz, zum Beispiel in einem Café.
- Nutzen Sie soziale Medien vor und nach der Arbeit, aber nicht während der Arbeit.
- Versuchen Sie, während der Arbeit nicht mit Ihrem Partner oder Freunden zu chatten oder ständig Nachrichten auszutauschen.
- Testen Sie Apps, um sich zum Beispiel darauf hinweisen zu lassen, wenn Sie zu lange auf einer Website sind.
- Testen Sie Kapselgehörschutz-Kopfhörer, Musik und Geräusche, um sich ganz auf Ihre Arbeit fokussieren zu können.
- Lassen Sie sich nicht ablenken, und bleiben Sie gedanklich bei Ihrer Aufgabe.
- Machen Sie regelmäßig eine kurze Pause. So bleibt Ihre Leistung über den Tag konstant.

Folgen Sie dem Routine-Start-Programm als Ritual am Morgen.

1. Entlasten Sie Ihr Gehirn. Nehmen Sie sich fünf Minuten Zeit, eine To-do-Liste für den Tag anzulegen.
2. Lesen Sie sich das Briefing durch. Auch dann, wenn Sie es schon zehn Mal gelesen haben.
3. Fassen Sie die Aufgabe in einem Satz zusammen, schreiben Sie den Satz auf.

4. Recherchieren Sie, wie das Unternehmen vergleichbare Aufgaben in der Vergangenheit gelöst hat.
5. Recherchieren Sie, wie die Konkurrenz vergleichbare Aufgaben gelöst hat.
6. Recherchieren Sie die Benchmark-Idee in diesem Bereich.
7. Stellen Sie sich lebhaft vor, wie Sie alle Hindernisse überwinden und die Benchmark übertreffen.
8. Legen Sie los!

Lassen Sie sich helfen.

– Die Konkurrenzanalyse sagt Ihnen schon mal, was Sie nicht vorschlagen werden. (Wo ist die Lücke?)
– Seien Sie offen für die Hilfe von Kollegen, vom Kunden, von Unbeteiligten und sogar vom Zufall.
– Beschäftigen Sie sich eingehend mit dem Briefing (Puzzle).
– Überprüfen Sie, ob Sie aus der Marken-DNA des Kunden eine Lösung ableiten können (Name, Design, Philosophie, Historie, Prinzip).

Arbeiten Sie mit Kreativtechniken.

– Die Neues-durch-Neues-Technik.
– Die Abweichen-von-der-Norm-Technik.
– Die Disruption-Technik von TBWA.
– Die Andere-Perspektive-Technik.
– Die »Was wäre, wenn ...«-Technik.
– Die Walt-Disney-Technik.
– Die Zeitdruck-Technik.
– Die Flow-Technik.
– Die Schreibfluss-Technik.
– Die Osborn-Checklisten-Technik

- Die Schlagzeilen-Technik.
- Die Reporter-Technik.
- Die Akkordeon-Technik.
- Die Truth-well-told-Technik
- Die Insight-Technik.
- Die Weltverbesserer-Technik.
- Die Bullshit-Technik.
- Die Gegenteil-Technik.
- Die Pingpong-Technik.
- Die Design-Thinking-Technik.
- Die 1+1=3-Technik.
- Die Edison-Technik.
- Die Workshop-Technik.
- Die 6-3-5-Technik.

Beurteilen Sie die Idee.

- Die fünf ADC-Kriterien (Originalität, Klarheit, Überzeugungskraft, Machart, Freude).
- Die drei Springer&Jacoby-Kriterien (einfach, exakt, einfallsreich).
- »Würde ich das teilen?«-Test.
- »Das muss ich sofort erzählen«-Test.
- Der Unternehmer-Test.
- Der Putzfrauen-Test.
- Der Schwarmintelligenz-Test.

Geben Sie sich nicht zu früh zufrieden.

- Fragen Sie sich, ob das wirklich die beste Lösung ist, zu der Sie fähig sind.
- Motivieren Sie sich, diese Frage mit Nein zu beantworten.

wow

10 LEITSÄTZE FÜR MEHR KREATIVITÄT.

ANREGUNGEN FÜR IDEENSUCHER.

Das Thema Ideensuche ist nicht einfach zu fassen. Schließlich handelt es sich nicht um eine Wissenschaft mit klaren Regeln. Es gibt kein Periodensystem der Elemente wie in der Chemie, und man kann die Lösungen nicht mit einem Taschenrechner kontrollieren. Trotzdem können wir das Thema von verschiedenen Seiten beleuchten.

In diesem Kapitel gebe ich Ihnen einige Beobachtungen aus der Praxis an die Hand. Dazu habe ich zehn Leitsätze formuliert. Betrachten Sie diese zehn Punkte nicht als abgeschlossen. Es sind keine zehn Gebote, die in Stein gemeißelt sind, sondern persönliche Ansichten und Erfahrungen, die Ihnen im Alltag bei der Ideensuche helfen sollen.

»LEGEN SIE SICH
FEINE ANTENNEN FÜR
IHRE UMGEBUNG ZU.
BEOBACHTEN SIE MENSCHEN.
VIELLEICHT STOSSEN SIE
DABEI AUF EINE
INTERESSANTE IDEE.«

LEITSATZ 1. SEIEN SIE IMMER OFFEN FÜR IDEEN.

Von unserer Aufmerksamkeit hängt mehr ab, als wir denken.

Wenn Sie streng trennen zwischen Arbeit und Freizeit, werden Sie in Ihrer Freizeit kaum Inspirationen finden. Sie sind mit dem Kopf einfach woanders, die Arbeit ist komplett ausgeblendet. Ihre Aufmerksamkeit ist ganz auf die Freizeit ausgerichtet. Deshalb stellt der Kopf keine Verbindung her zwischen Arbeit und Freizeit.

Ich sage nicht, dass das schlecht ist, ich stelle nur fest, dass Sie damit Potenzial freiwillig aufgeben.

Auf der anderen Seite ist es sicher ungesund, ständig an die Arbeit zu denken. Man braucht einen Ausgleich. Wer wirklich besessen ist von einer Aufgabe, der wird kein Problem damit haben, mal zwei oder drei Wochen nur an den Job zu denken. Auf Dauer aber ist das nicht zu empfehlen.

Die spannende Frage ist also: Wie kann man einerseits abschalten und andererseits offen sein für zufällige Inspirationen?

Eine Antwort fällt schwer. Rein technisch könnte man sagen: Widmen Sie 90 Prozent Ihrer Aufmerksamkeit der Freizeit, und behalten Sie die Arbeit zu 10 Prozent im Hinterkopf. Allerdings würde man sich zu Recht fragen: Okay, aber wie mache ich das konkret? Wo in meinem Kopf ist die Tastatur, mit der ich diese Zahlen eingeben kann?

Ich denke, der einzige Weg, diesen Balanceakt zu meistern, ist, sich bewusst zu werden, dass es auch in der Freizeit Inspirationen geben kann.

Man muss verstehen, dass Ideen und Inspiration nahezu immer und überall zu finden sind. Die Kunst besteht darin, sie zu erkennen. Das sollte man wissen. Man muss sich aber auch zugestehen, dass man nicht rund um die Uhr im Ideensucher-Modus sein kann.

Fazit:

- Gehen Sie mit einer offenen Haltung durch den Alltag.
- Schließen Sie Inspirationen niemals kategorisch aus.
- Seien Sie sich bewusst, dass Ideen und Inspiration zu jeder Zeit von überall kommen können.
- Aber gönnen Sie sich das Gefühl, auch mal loszulassen.

Tipp: Beobachten Sie Menschen.

Nichts interessiert Menschen mehr als Menschen. Das sieht man nicht nur am Fernsehprogramm, sondern überall: in Kunst, Kultur, Musik, Literatur, Sport und so weiter. Überall geht es um Menschen.

Gewöhnen Sie sich an, Ihre Umwelt zu beobachten. Seien Sie offen für das, was um Sie herum passiert. Schon so mancher Drehbuchautor hat im Zug Geschichten aufgeschnappt, die er später verwenden konnte. Oder denken Sie nur an das Beispiel, in dem der Creative Director sich an den Spruch des Kfz-Meisters erinnert: »Übrigens, das ist eines unserer meistgebrauchten Ersatzteile.«

Tipp: Suchen Sie aktiv nach Inspiration.

Warten Sie nicht darauf, dass sich zufällig etwas Interessantes in Ihr Blickfeld bewegt. Helfen Sie Ihrem Glück lieber selbst auf die Sprünge. Der Schlüssel dazu ist, sich von seinen lieb gewonnenen Routinen zu lösen.

Lesen Sie nicht immer die gleiche Zeitung oder die gleiche Website, probieren Sie mal etwas Neues aus. Etwas, das wirklich einen Unterschied macht. Wenn Sie sich zum Beispiel gerne auf »faz.de« informieren und diese Routine durchbrechen, indem Sie »welt.de« lesen, dann ist das im Prinzip gut und richtig. Aber größer ist der Bruch, wenn Sie zum Beispiel »taz.de« besuchen.

»KOMPLIZIERTE IDEEN
SCHRECKEN AB.
MACHEN SIE ES DEN
ENTSCHEIDERN UND DEM
PUBLIKUM
SO LEICHT WIE MÖGLICH,
EINEN ZUGANG ZU IHRER
IDEE ZU BEKOMMEN.«

LEITSATZ 2. KOMPLIZIERT VERLIERT. VEREINFACHEN SIE.

Geniale Ideen sind meistens einfach. Fotos plus Handy ergibt das Fotohandy. $E = mc^2$. Möbel sind günstiger, wenn man sie selbst zusammenbaut (IKEA). Und so weiter.

Wir Menschen haben eine große Sehnsucht nach einfachen Lösungen. Wir stellen fest, dass unsere Welt durch die Technisierung und Digitalisierung immer komplexer, anspruchsvoller und undurchschaubarer wird. Oder können Sie vielleicht erklären, wie Fernsehsignale von diesem Kasten im Wohnzimmer aufgefangen und zu ständig neuen Bildern zusammengesetzt werden? Das kann kaum jemand. Wir alle wissen, dass es funktioniert, aber wie genau, das können wir nicht erklären. Und ganz ehrlich: Wir sind froh, wenn wir es nicht erklären müssen. Die Welt wird komplexer, aber der Mensch bleibt, wie er ist. Der technische Fortschritt hat die Evolution des Menschen offenbar abgehängt.

In dieser Situation wollen die Menschen am liebsten Lösungen haben, die sie ganz einfach nutzen können. Für Kreative bedeutet das: Vereinfachen Sie Ihre Lösungen, wo Sie nur können. Kompliziert verliert, einfach gewinnt. Tüfteln Sie so lange herum, bis Sie für einen komplexen Sachverhalt eine möglichst einfache Lösung anbieten können. Machen Sie es den Entscheidern und dem Publikum so leicht wie möglich, einen Zugang zu Ihrer Idee zu bekommen.

Aber Achtung: Verwechseln Sie »einfach« nicht mit »banal« oder »anspruchslos«! Einfachheit führt über Reduktion zu mehr Klarheit, ist aber kein leichter oder müheloser Weg. Es geht um intelligente Ideen, die einfach daherkommen. Albert Einstein sagt es so: »Man muss die Dinge so einfach machen wie möglich. Aber nicht einfacher.«

**»NO RISK, NO FUN.
SIE SIND NICHT
ANGETRETEN,
UM IDEEN AUSZUDENKEN,
AUF DIE IHR KUNDE SELBST
KOMMEN KÖNNTE.«**

LEITSATZ 3.
DON'T PLAY IT SAFE.

Wenn ein Kreativer auf Nummer sicher geht, stellt er Ideen vor, die die Aufgabe ordentlich lösen, aber zu richtig sind, um richtig gut zu sein. Die Ideen sind nicht überraschend.

Es gibt viele Gründe, warum man solche Ideen vorstellt.
Zum Beispiel weil man glaubt, den Kunden inzwischen gut zu kennen. Warum soll man für überraschende Ideen kämpfen, wenn der Kunde am Ende doch die konventionelle Lösung möchte? Warum sollte man einen hoch dotierten Auftrag gefährden und sich der Gefahr aussetzen, dem Kunden auf die Nerven zu gehen? Ist es nicht einfacher, man stellt gleich die Art von Lösungen vor, für die sich der Kunde am Ende entscheidet?
Ich kann diese Gedanken nachvollziehen und stand oft selbst vor diesem Dilemma. Trotzdem sollte man sich nie auf so einen Gedankengang einlassen. Wenn Sie nach Kommunikationslösungen suchen, haben Sie gute Argumente, sich für die überraschenden Lösungen stark zu machen. Am Ende geht es nämlich nicht darum, was der Entscheider im Unternehmen denkt, sondern einzig und allein um die Zielgruppe. Was ist interessant, was sorgt für Aufmerksamkeit, was sieht man sich gerne an? Um diese Fragen geht es.

In der Praxis hat man oft das Gefühl, es würde um andere Fragen gehen: Welche Art von Kommunikation ist nicht falsch und eckt nicht an? Welche Kommunikationsidee sagt das Richtige, ohne aufzufallen – vor allem nicht dem Vorstand?
Gesucht werden in solchen Fällen Kampagnen, die Fehler vermeiden.

Es geht nicht darum, einen Schritt nach vorne zu machen, es geht darum, unauffällig auf der Stelle in Deckung zu gehen und zu hoffen, dass einen niemand bemerkt.

Tun Sie alles, um bei diesem Spiel nicht der Erfüllungsgehilfe sein zu müssen.

- Machen Sie den Entscheidern klar, dass Sie mit Ihren Ideen etwas bewegen wollen.
- Argumentieren Sie damit, was die Zielgruppe will.
- Versuchen Sie, die Entscheider mitzureißen und für Ihre Sichtweise zu begeistern.

Tipp: Die Pflicht- und Kür-Technik.

Hier ein Tipp, wie Sie auf der einen Seite die Sicherheit haben, den Kunden nicht zu verlieren, und auf der anderen Seite eine richtig gute Lösung forcieren können: Stellen Sie eine Pflicht- und eine Kür-Lösung vor.

- Die Pflicht-Lösung ist die konventionelle Idee, die der Kunde sich wünscht, um möglichst nicht aufzufallen.
- Die Kür-Idee ist die unkonventionelle, interessante Idee, die sich die Zielgruppe bereitwillig ansehen würde.

Stellen Sie erst die Pflicht-Idee vor, dann ist der Kunde entspannt. Er weiß jetzt, dass es eine Nummer-sicher-Lösung gibt. Jetzt, wo er aufatmet, ist er gerne bereit, sich auch noch eine andere Möglichkeit anzuhören.

Argumentieren Sie für die Kür-Variante, aber versinken Sie nicht in Depressionen, wenn es die langweilige Idee wird. Die nächste Chance kommt bestimmt. Gegen Ende des Buchs werden wir uns übrigens noch einmal näher damit befassen, wie man Ideen am besten präsentiert.

Noch ein Hinweis. Setzen Sie die Pflicht- und Kür-Technik nur ein, wenn Sie ein großes Bedürfnis nach Sicherheit haben. Der Nachteil davon ist nämlich, dass sich der Kunde für die sichere Variante entscheiden kann.

Wenn Sie eine mutige, starke Idee verkaufen wollen, dann bieten Sie dem Kunden nur starke Ideen an. Manche Kreative vertreten die Meinung, dass der Kunde sich immer gezielt die schwächste Idee herauspickt. Deshalb nehmen sie nur Ideen mit, die sie selbst richtig gut finden.

»BLEIBEN SIE DRAN.
ES WÄRE DOCH SCHADE,
WENN SIE SICH MIT
EINER GUTEN IDEE
ZUFRIEDENGEBEN,
WO DOCH SCHON
ZEHN MINUTEN SPÄTER
EIN GENIALER EINFALL UM
DIE ECKE BIEGEN KÖNNTE.«

LEITSATZ 4.
SEIEN SIE HARTNÄCKIG.

Der Kunde lehnt eine Idee ab? Kein Problem, präsentieren Sie ihm eine andere Idee, die sogar noch besser ist. Machen Sie sich mit so viel Begeisterung und Kraft an die Arbeit, dass Sie dem Kunden hinterher dafür dankbar sein müssen, dass er Sie zu dieser Extrarunde verdonnert hat.

Auch wenn es um das Ausdenken von Ideen geht, hilft Ihnen eine gewisse Hartnäckigkeit weiter. Sie müssen beharrlich sein, um nicht schon nach der ersten Idee aufzuspringen und den Prozess für beendet zu erklären. Sie haben eine gute Idee? Wunderbar, bleiben Sie sitzen, und denken Sie sich eine noch bessere aus. Sie kennen vielleicht den Spruch »Das Bessere ist der Feind des Guten«. So ist es auch. Bleiben Sie dran. Es wäre doch schade, wenn Sie sich mit einer guten Idee zufriedengeben, wo doch schon zehn Minuten später ein genialer Einfall um die Ecke biegen könnte.

Auch hier gilt allerdings: Behalten Sie Augenmaß. Ein Werbetexter hat mir einmal erzählt, wie eine Kreativdirektorin ihr Team zusammenrief und erklärte: »Leute! Es gibt gute Nachrichten. Heute ist Freitag, am Montag ist die Präsentation beim Kunden. Wir haben schon eine wirklich gute Idee. Jetzt haben wir noch das ganze Wochenende Zeit, eine noch bessere auszudenken!«
Ich weiß, dieses Beispiel bestätigt das Klischee, das noch immer über manche Werbeagenturen existiert. Bleibt anzumerken, dass der Werbetexter sich zügig einen anderen Arbeitgeber gesucht hat.

»IHRE ZIELE SIND ERST DANN RICHTIG, WENN SIE IHNEN ZU AMBITIONIERT ERSCHEINEN.«

LEITSATZ 5.
SEIEN SIE EHRGEIZIG.

Diesen Punkt habe ich bereits immer mal wieder gestreift. Er ist wichtig, deshalb gehe ich hier noch einmal ausführlich darauf ein.
Schon bei Alice im Wunderland lesen wir diese tiefe Wahrheit: »Wenn du nicht weißt, wo du hinwillst, ist es egal, welchen Weg du einschlägst.«
Paul Arden drückt es so aus: »Your vision of where or who you want to be is the greatest asset you have. Without having a goal it's difficult to score.« Dahinter stehen zwei Punkte.

Der erste Punkt ist: Glauben Sie an sich selbst.
Sie können mehr, als Sie selbst für möglich halten. Sie können sich mit Ihren Zielen nicht überfordern, höchstens unterfordern. Alle kochen mit Wasser, und die anderen sind nicht besser als Sie. Machen Sie also nicht den Fehler, sich zu kleine Ziele zu stecken.

Hier sind wir beim zweiten Punkt: Ihre Ziele sind erst dann richtig, wenn sie Ihnen zu ambitioniert erscheinen.
Sie brauchen eine Vision für sich selbst. Wenn die Vision Ihnen absolut möglich erscheint, sind Ihre Ziele zu niedrig angesetzt. Denken Sie dagegen, dass die Vision niemals erreichbar und völlig unrealistisch ist, dann sind Sie über das Ziel hinausgeschossen. Der Mittelweg ist richtig: Die Vision erscheint Ihnen als zu ambitioniert, aber nicht als unmöglich.

Wenn Sie zum Beispiel denken, dass Sie immer ein mittelmäßiger Architekt bleiben werden, der einfach nicht genügend Talent und Glück hat, dann ist das ein deutlich zu niedriges Ziel. Wenn Sie dagegen die Vision entwickeln, Norman Foster und Zaha Hadid mit ihren genialen Entwürfen zu beschämen und ein weltweites Imperium aufzubauen, könnte man das als übertrieben ansehen. Sie werden wahrscheinlich nicht einmal selbst daran glauben.

Doch darauf kommt es an! Sie müssen diese Vision lieben und ernsthaft verfolgen können. Etwas zu ambitioniert und damit genau passend könnte die Vision sein, sich in Deutschland als großartiges Talent zu profilieren, das mit spektakulären neuartigen Entwürfen für Aufsehen sorgt.

Beispiel: die Vision von Victoria Beckham. Nehmen wir als Beispiel Victoria Beckham, die Sängerin und Modedesignerin. Als Teenager formulierte sie folgende Vision für sich: »I want to be as famous as Persil Automatic.«[26] Sie wollte also nicht einfach nur ein Popstar werden, sondern sah sich schon immer als Weltmarke. Als eine Marke, die so berühmt ist wie Persil. Aus Sicht vieler Leser mag diese Vision unerreichbar erscheinen, aber für Victoria Beckham war dieser Anspruch genau richtig: eben etwas zu ambitioniert.
Sie wollte dieses Ziel so sehr erreichen, dass sie es am Ende geschafft hat. Und das gleich doppelt. Sie kam als Spice Girl zu Weltruhm und ist jetzt eine gefeierte Stil-Ikone, die eigene Kollektionen herausbringt. Victoria Beckham ist eine Weltmarke und nicht etwa nur die Ehefrau von Fußballstar David Beckham.

---

26 Arden, Paul: »It's not how good you are, it's how good you want to be.«, Phaidon Verlag, Seite 18

Die Psychologie hinter diesen hohen Zielen ist ebenso einfach wie einleuchtend:
Wenn Sie sich selbst für einen kleinen Wicht halten, der höchstens mittelmäßige Ideen haben kann, dann eichen Sie sich selbst auf dieses Bild. Sie glauben daran, also wird auch Ihr Gehirn daran glauben und Ihnen nur mittelmäßige Ideen liefern.

Da ist es doch viel klüger, Sie strecken sich nach den Sternen und formulieren den Anspruch, exzellente Ideen haben zu wollen.

**»SETZEN SIE
IHR KREATIVES POTENZIAL
BEWUSST EIN.«**

LEITSATZ 6. HAUSHALTEN SIE MIT IHRER KREATIVKRAFT.

Kreativ auf die Tube zu drücken ist gut, aber bitte nur dort, wo es sinnvoll ist und Ihre Mühe geschätzt wird. Es macht wenig Sinn, sich an Aufgaben zu verausgaben und aufzureiben, wo eine pragmatische Lösung auch ausgereicht hätte. Wer schlau ist, überlegt sich vorher, in welches Projekt er seine Kreativkraft fließen lässt.

Sie sollen für ein großes Medienunternehmen ein neues Logo entwerfen? Klar, geben Sie Vollgas. Wenn Sie aber die Aufgabe bekommen, die Türschilder der internen Konferenzräume bei einem Kunden zu gestalten (»Köln«, »Düsseldorf«, »Berlin« und »Dresden«), dann sollten Sie die Kirche im Dorf lassen und den Auftrag ordentlich abarbeiten.

Sich voller Tatendrang und Leidenschaft in eine Aufgabe zu stürzen ist löblich. Aber schlau ist das nur, wenn es sich lohnt.

»ALLE IDEEN SIND WERTVOLL, AUCH WENN SIE GERADE NICHT REALISIERT WERDEN.«

LEITSATZ 7. BRINGEN SIE IHREN IDEEN WERTSCHÄTZUNG ENTGEGEN.

Im Prinzip kann sich jeder kostenlos in unbegrenztem Maße Ideen ausdenken. Aus diesem Grund sind wir schnell und hemmungslos, wenn es darum geht, Ideen abzuschmettern. Gerade Chefs sind grandiose Scharfschützen, die in einem einzigen Meeting ganze Reihen von Ideen abschießen können, ohne mit der Wimper zu zucken.
Sie sollten sich aber bewusst machen, dass der Wert Ihrer Idee nicht nur davon abhängt, ob Ihr Chef oder Ihr Kunde sie mag. Es gibt auch brillante Ideen, die nicht ausgewählt werden oder nicht zum Briefing passen. Abgeschmetterte Ideen, die Sie richtig gut finden, sollten Sie unbedingt aufbewahren. Jede einzelne davon ist wertvoll. Gehen Sie nicht zu leichtfertig mit dem Produkt um, das Sie hervorbringen. Behandeln Sie es gut, und betrachten Sie es nicht als selbstverständlich, dass Sie solche Ideen haben. Kreative neigen dazu, gute Ideen, die nicht zum Briefing passen, einfach wegzuwerfen. Doch das wäre Verschwendung. Klüger ist es, diese Ideen zu archivieren und an geeigneter Stelle wieder hervorzuholen. Das nennt man in der Kreativbranche »recyceln«.

Archivieren Sie gute Ideen im Ideentresor. Mein Ideentresor ist ein Ordner, der außen so beklebt ist, dass er wie ein Metalltresor aussieht. In diesen Ordner hefte ich alle abgelehnten Kommunikationsideen ab, die ich gut finde. Ich habe gelesen, dass Thomas Edison seine Ideen ebenfalls aufgeschrieben hat. Man spricht von 2500 Notizbüchern. Auch wenn er nicht weiterwusste oder die Idee noch nicht zu funktionieren schien, notierte er sie. Der Gedanke dahinter: »Ich habe mehr Fehler gemacht als jeder andere, den ich kenne – und früher oder später habe ich die meisten davon patentieren lassen.«

»NICHT JEDE IDEE KANN REALISIERT WERDEN. RÜCKSCHLÄGE WIRD ES IMMER GEBEN. RAPPELN SIE SICH AUF, UND VERSUCHEN SIE ES ERNEUT!«

LEITSATZ 8. SEIEN SIE EIN STEHAUFMÄNNCHEN.

Ein wichtiger Punkt ist, wie man mit Tief- und Nackenschlägen fertigwird. Als Kreativer arbeitet man überwiegend für den Papierkorb. Nur die wenigsten Ideen werden vom Kunden gekauft und realisiert.

Um das auszuhalten, braucht man ein dickes Fell. Nehmen Sie es nicht persönlich, wenn jemand Ihre Idee nicht mag. Ich weiß sehr gut, dass nichts persönlicher sein könnte. Schließlich geht es um eine Schöpfung, die man liebt wie ein Vater sein Kind.
Leidenschaft für eine Idee ist gut, aber es macht wenig Sinn, sich durch eine abgelehnte Idee in Depressionen oder Wutausbrüche stürzen zu lassen. Es gehört nun mal dazu, dass man nur die wenigsten Ideen umsetzen kann.

Finden Sie sich damit ab, und entspannen Sie sich.
Seien Sie ein Stehaufmännchen. Am besten, Sie besorgen sich die Figur eines Stehaufmännchens und stellen sie sich auf Ihren Schreibtisch. Ärgern Sie sich nicht zu sehr über die Niederlage. Freuen Sie sich lieber darüber, dass sich durch den Rückschlag nichts an Ihrer inneren Haltung geändert hat.

**»FÜR EINE GUTE IDEE
LOHNT ES SICH
ZU KÄMPFEN.«**

LEITSATZ 9. GEHEN SIE IHREN EIGENEN WEG.

Seien Sie offen für Tipps und Hinweise, Kreativtechniken und Ideen aus allen Richtungen. Aber entscheiden Sie selbst, was Sie gut finden, ausprobieren und anwenden wollen. Schon in der Bibel steht: »Prüfet aber alles, und das Gute behaltet« (1. Thessalonicher 5, 21).

Auch wenn es um die Bewertung von Ideen geht, muss man mit dem Entscheider nicht immer einer Meinung sein. Ihr Chef ist auch nur ein Mensch. Es kann durchaus sein, dass er eine wirklich gute Idee nicht erkannt hat. In diesem Fall sollten Sie sachlich mit Argumenten darstellen, warum die Idee gut ist. »Das ist meine Lieblingsidee« ist kein Argument. Versuchen Sie, nachvollziehbare Argumente ins Feld zu führen. Nichts ist ärgerlicher als eine berühmte, gefeierte Idee, die man auch hatte, aber die der Chef abgeschossen hat. Das passiert gar nicht mal so selten, denn auch Chefs machen Fehler.
Als ich an der Miami Ad School unterrichtet habe, habe ich bei der Ideenbewertung zu den Studenten gesagt, dass sie meine Meinung ignorieren sollen, wenn ich die Idee abschieße, sie aber wirklich ganz, ganz stark daran glauben. Ich finde das auch heute noch richtig. Wenn man mit seinem Herzblut an einer Idee hängt, dann soll man sie auch weiterverfolgen. Ich habe mich auch schon selbst über die Meinung von Vorgesetzten hinweggesetzt und eine Idee umgesetzt, die meine Chefs nicht begeistert hat. Im Nachhinein kann ich berichten, dass die Idee nicht den gewünschten Erfolg hatte. Die Chefs hatten also recht. Ich denke, in den meisten Fällen wird es so laufen, aber als junger Kreativer fehlt einem oft die Weitsicht, das einzusehen.

**»SIE KÖNNEN IDEEN HABEN.
SOGAR RICHTIG GUTE.
WENN SIE SELBST
DARAN GLAUBEN.«**

LEITSATZ 10. GLAUBEN SIE AN SICH SELBST.

Als Kreativer kommt es immer mal wieder vor, dass man zweifelt. An sich selbst, am Umfeld, an der Aufgabe, am Kunden und so weiter. Das ist ganz normal. Wichtig ist, den Glauben an sich selbst nicht zu verlieren.
Stellen Sie eine Liste zusammen mit den Dingen, die Sie bereits geleistet haben und auf die Sie stolz sein können.
In schwachen Momenten können Sie diese Liste hervorziehen und sich daran wieder aufrichten.

Glauben Sie an sich, Sie sind zu mehr fähig, als Sie denken. Sie können mehr, viel mehr.

»If we all did the things we are really capable of doing, we would literally astound ourselves.« – Thomas Edison

Listen! Let me tell you a Story

IDEEN PRÄSENTIEREN.

SO ENTFALTEN IDEEN IHRE KRAFT.

Das Schlimmste, was man einer guten Idee antun kann, ist, sie schlecht zu präsentieren. Entsprechend ist die Präsentation der Idee fast so wichtig wie die Idee selbst. Sie ist eine hochkreative Angelegenheit, für die man im besten Fall eine eigene Idee findet. Wichtig ist aber vor allem: Sie müssen zielgruppengerecht präsentieren!

Das Publikum. Entscheidend für die Präsentation ist das Publikum. Wenn Sie die Idee jemandem vorstellen, der den Umgang mit Ideen gewohnt ist und sie beurteilen kann, dann müssen Sie weniger Aufwand betreiben als bei einem Entscheider, der diese Erfahrung nicht hat. Ein Creative Director zum Beispiel braucht nur ein paar Sekunden, um sich eine fundierte Meinung zu bilden.

Präsentation vor dem Chef. Grundsätzlich bin ich der Meinung, dass man bei erfahrenen Chefs kaum Zeit in die Präsentation investieren sollte und dafür möglichst viel Zeit in die Ideenfindung. Einem erfahrenen Entscheider genügt in der Regel die Kernidee. »Wir bauen ein Smartphone. Es ist Telefon, Kamera und Computer in einem und wird über einen Touchscreen bedient.« Mit wenigen Worten ist die Grundidee umrissen.

Alle Kraft soll in die Ideenfindung fließen. Im Prinzip genügt es, die Ideen stichpunktartig festzuhalten und möglichst lebendig und engagiert zu erzählen. Denn wenn der Chef Ihre Idee nicht gut finden sollte, haben Sie den ganzen Präsentationsaufwand umsonst betrieben. Das ärgert dann nicht nur Sie, sondern auch Ihren Chef.

Präsentation vor dem Entscheider. Ist die erste Hürde genommen und hat Ihr Vorgesetzter grünes Licht gegeben, dann wird früher oder später wahrscheinlich eine wichtige Präsentation auf Sie zukommen. Hier gilt es, die Idee dem Entscheider oder den Entscheidern zu verkaufen. In diese Präsentation sollten Sie Mühe und Energie stecken. Denn wenn sie misslingt, ist auch die Idee gestorben.

WIRKUNGSVOLLER PRÄSENTIEREN.

Im Zentrum der Präsentation steht die Aufgabe, den Entscheidern plausibel zu machen, warum die Idee eine Aufgabe besonders gut löst.

Sorgen Sie für eine Präsentation mit Unterhaltungswert. Machen Sie es kurz, einfach und fesselnd. Eine Präsentation ist eine Art Show. Sie sind dafür verantwortlich, dass sich Ihre Gäste wohlfühlen und Ihnen gedanklich folgen können. Wenn sich das Publikum ständig fragt: »Na und? Was hat das mit mir zu tun?«, dann haben Sie es nicht packen können.

Entweder man packt das Publikum – oder man kann einpacken!
Gerade die Frage »Was hat das mit mir zu tun?« hilft Ihnen, eine Verbindung zwischen Ihrem Vortrag und Ihrem Publikum herzustellen. Sie müssen nicht versuchen, wie ein Showmaster à la Thomas Gottschalk aufzutreten, das geht meistens schief. Aber Sie sollten versuchen, Ihre Idee so interessant und unterhaltsam wie möglich vorzustellen.

Überlegen Sie sich, wie Sie Ihre Präsentation aufbauen könnten. Gibt es auch eine Idee für die Präsentation? Vielleicht besteht die Präsentation ja auch gar nicht aus PowerPoint-Charts, sondern aus Postern, die im ganzen Stockwerk an der Wand aufgehängt sind und die Sie gemeinsam mit dem Entscheider ablaufen. Vielleicht brauchen Sie gar keine Bilder, sondern nehmen lieber Ihre Gitarre mit und singen ein Lied vor, zu dem Sie dann eine Geschichte erzählen? Vielleicht überraschen Sie den Entscheider auch, indem Sie eine Band einladen, die einen Song spielt, der Ihre Idee einleitet?
Es gibt viele Möglichkeiten, aus dem gewohnten Präsentationsformat der PowerPoint-Präsentation auszubrechen. Diese Art der Präsentation steht häufig in der Kritik. Ich teile diese Kritik nicht, denn ich denke, es kommt immer darauf an, was man auf seinen Charts zeigt und was man dazu erzählt. Trotzdem kann es enorm erfrischend für den Entscheider sein, wenn er ständig PowerPoint-Präsentationen sieht und endlich jemand mal auf eine ganz andere Weise präsentiert.

Die Idee wählt die Präsentationsform aus. Konzentrieren Sie sich auf Ihre Idee, und überlegen Sie, auf welche Weise Sie Ihre Idee am interessantesten erzählen können. Lassen Sie die Idee die Führung übernehmen. Beschäftigen Sie sich auch mit Ihrem Publikum, und fragen Sie sich, wie Sie dem Entscheider positiv in Erinnerung bleiben können.

»AUCH DIE
GENIALSTE IDEE
VERKAUFT SICH
NICHT VON SELBST.
AM BESTEN,
SIE HABEN EINE
EIGENE IDEE FÜR DIE
IDEENPRÄSENTATION.«

Vielleicht können Sie ihm am Ende des Termins noch eine originelle Kleinigkeit in die Hand drücken, die ihn an Ihre Idee erinnert? Womöglich etwas, das einen Nutzen für ihn hat, das er seiner Frau oder seinen Kindern mitbringen kann. Wertvoll sollte dieses Give-away nicht sein, sondern einfallsreich.

Präsentieren Sie visuell. Ein paar einfache Zeichnungen oder Computergrafiken helfen, die Idee zu veranschaulichen. Mit sogenannten »Moodbildern« (Mood = Stimmung) können Sie darstellen, wie Sie sich bestimmte Dinge vorstellen.
Nutzen Sie dazu zum Beispiel Google. Wenn Sie etwa eine völlig neuartige spektakuläre Achterbahn speziell für das Münchner Oktoberfest im Kopf haben, macht es Sinn, einige Bilder vom Oktoberfest vorzulegen. Das hilft dem Betrachter, sich gedanklich in dieses Umfeld hineinzuversetzen. Die Moodbilder helfen seinem Vorstellungsvermögen auf die Sprünge.
Ich empfehle Ihnen, möglichst visuell zu präsentieren und Text so sparsam wie möglich einzusetzen.
Und geben Sie Ihrer Idee einen Namen. Beschreiben Sie sie in einem oder zwei Sätzen. Je kürzer, desto klarer.

NOCH WIRKUNGSVOLLER PRÄSENTIEREN.

Bei einer Ideenpräsentation geht es um weit mehr als nur darum, jemandem eine Idee zu erzählen. Es geht darum, das Publikum für die Idee zu begeistern und sie in Fans der Idee zu verwandeln. Hier zwei Geheimwaffen, wie das leichter gelingen kann.

Die erste Geheimwaffe einer guten Präsentation: Leidenschaft. Wer hinter einer Idee steht und an sie glaubt, präsentiert anders als jemand, der keine emotionale Verbindung zur Idee hat. Das Publikum merkt das.

Aus diesem Grund ist es immer am besten, den Erfinder seine Idee selbst vorstellen zu lassen. Er kann vielleicht nicht perfekt präsentieren, aber das wiegt er mit seiner brennenden Begeisterung für die Idee locker auf. Ich finde es sogar charmant, wenn sich solche Menschen manchmal verhaspeln, das wirkt nur umso echter. Nichts berührt mehr als ein Mensch, der wirklich an eine Idee glaubt und sie mit leuchtenden Augen vorträgt. Das Ziel ist es, das Publikum mit seiner Begeisterung anzustecken. Auch die Zuschauer sollen Feuer und Flamme für die Idee sein. Leidenschaft ist der Funke, der am leichtesten überspringt und dieses Feuer entfachen kann.

Die zweite Geheimwaffe einer guten Präsentation: Erzählen Sie eine Geschichte. Heutzutage spricht man gern von »Storytelling«. Das klingt modern. Und auf Englisch hört sich alles gleich doppelt gut an, nicht wahr? Tatsächlich aber ist Storytelling so alt wie die Menschheit. Was ist die Bibel anderes als eine Sammlung von Geschichten? Schon unsere Ahnen haben sich abends am Lagerfeuer versammelt und sich Geschichten erzählt.

Wozu das Ganze? Nicht nur, um sich die Zeit zu vertreiben, sondern auch, weil die Menschen aus Geschichten Einsichten in das Leben ziehen. Menschen lernen über Geschichten. Unser Gedächtnis liebt Erzählungen. Schließlich kann es daraus Wissen und Strategien ableiten, wie es sein Überleben sichern kann. Auch heute noch lernen Kinder über Geschichten, wie man in dieser Welt zurechtkommt und wie die Gesellschaft funktioniert, in der sie aufwachsen. Kurzum: Das alles sind ausgezeichnete Voraussetzungen, um auch in einer Präsentation eine Geschichte zu erzählen, die Ihre Idee in den Köpfen Ihrer Zuhörer verankert.

Der Konflikt verleiht der Geschichte Dramatik. Das Wesen jeder spannenden Geschichte ist ein Konflikt. Kurz gesagt: Jemand möchte unbedingt etwas haben, hat aber Schwierigkeiten, es zu bekommen. Oder: Alles könnte so schön sein, wäre da nicht dieses Problem, das jemanden quält. Überlegen Sie, welches Problem oder welchen Konflikt Ihre Idee löst. Wer ist der Gegner, wer das Böse, dem Ihre Idee den Garaus macht? Dramatik ist das Element, das Geschichten interessant und spannend macht.

Nehmen wir an, Sie haben eine App entwickelt, mit der man sich in Europa den schnellsten und günstigsten Weg von A nach B anzeigen und mit einem Kopfdruck buchen lassen kann. Ein Kopfdruck genügt, und der Transport ist gebucht. Noch ist diese Ideenbeschreibung sehr technisch und unemotional. Kurzum: Die Story berührt nicht.
Ansprechender wäre es, die Geschichte von einem Liebespaar zu erzählen, das eine Fernbeziehung führen muss. Steffi liebt Steve, kann aber wegen ihrer kranken Mutter nicht zu ihm nach Paris ziehen, wo Steve gerade nach einem Jahr Arbeitslosigkeit eine Festanstellung als Physiker erhalten hat. Hier liegen ein Konflikt und ein Problem verborgen: Steffi und Steve lieben sich, können sich aber nur manchmal sehen, und selbst dann ist die Anreise kompliziert und teuer. Die rettende Lösung für die beiden: Ihre wunderbare App. Jetzt ist es ganz einfach, den günstigsten und schnellsten Weg auszuwählen und auch gleich zu buchen.
Problem und Lösung werden anschaulich und in einer emotionalen Geschichte merkfähig verpackt. Emotionen sind überaus wichtig, denn

»DAS PUBLIKUM MERKT,
WENN JEMAND WIRKLICH
AN SEINE IDEE GLAUBT
UND SICH FÜR SIE
BEGEISTERT.«

dadurch werden die Informationen der Geschichte fester im Gedächtnis verankert.

Erzählen Sie Ihre eigene Heldenreise. Eine einfache und interessante Möglichkeit, das Publikum zu fesseln, ist, seine eigene Geschichte zu erzählen.

Niemand kennt diese Geschichte so gut wie Sie. Erzählen Sie, wie Sie auf das Problem oder den Konflikt aufmerksam geworden sind. Berichten Sie von Ihren ersten Versuchen, das Problem zu lösen, und lassen Sie Ihre Zuhörer miterleben, wie Sie gescheitert sind. Das ist interessant! Fehlschlag reiht sich an Fehlschlag. Aber dann, als schon alles verloren scheint, als das Problem fast schon unlösbar erscheint, in diesem Moment gelingt plötzlich der Durchbruch. Ihr Publikum wird gespannt sein, wie die Lösung denn nun aussieht. Sie können mit einem Maximum an Aufmerksamkeit rechnen, wenn Sie Ihre Idee vorstellen. Das Tolle an Ihrer Geschichte: Sie ist echt, persönlich und authentisch, nicht ausgedacht. Das fasziniert und sorgt für einen starken Aufmerksamkeitsschub beim Publikum.

Diese Struktur erinnert an die Heldenreise in Hollywood-Plots. Vereinfacht gesagt: Der Held wird vom Abenteuer gerufen, übertritt die Schwelle in eine andere Welt, muss hier zahlreiche Gefahren bestehen, bis schließlich alles verloren scheint – aber im letzten Moment gelingt es dem Helden durch die Reifung seines Charakters, das Ruder herumzureißen und seinen Gegenspieler doch noch zu besiegen. Siegreich kehrt er zurück in seine Heimat, wo er sich erneut eingliedert, akzeptiert wird und ein Happy End erleben kann.

Was wollen Sie vermitteln? Fragen Sie sich, was nach Ihrer Präsentation im Kopf Ihres Publikums verankert sein soll. Machen Sie nicht den Fehler, zu glauben, Ihre Zuhörer würden sich Tabellen, Aufzählungen und Details merken. Das ist Wunschdenken. Menschen neigen dazu, sich emotionale Geschichten zu merken, wenn sie die Erzählung packt. Es geht also darum, den Kern Ihrer Idee in einer interessanten Geschichte zu verpacken.

Auf den Punkt kommen: der Fahrstuhltest. Nehmen wir an, der Entscheider muss kurz vor der Präsentation dringend aufbrechen. Er hat keine Zeit mehr, sich Ihre Präsentation anzuhören. Alles, was er Ihnen anbieten kann, ist, mit ihm zehn Stockwerke nach unten in die Tiefgarage zu fahren, wo ihn schon seine Limousine mit geöffneter Türe erwartet.

Steigen Sie gedanklich mit ihm in den Aufzug, und präsentieren Sie ihm Ihre Idee in 30 bis 45 Sekunden. Was würden Sie ihm sagen?

Dieser Test zwingt Sie, den Kern Ihrer Idee herauszuarbeiten. Sie haben nur Zeit für das Wesentliche. Eine sehr hilfreiche Möglichkeit, sich selbst klarzumachen, um was es geht, und dann zu beurteilen, ob diese pure Idee wirklich so brillant ist.

Inspiration: TED-Präsentationen. Lassen Sie sich inspirieren, und sehen Sie sich einige Präsentationen auf »www.ted.com« an. TED ist die Abkürzung für »Technology, Entertainment, Design«. TED startete als Innovationskonferenz in Kalifornien und ist inzwischen für seine Videos bekannt, in denen Fachleute »ideas worth spreading« präsentieren. Die Videos sind äußerst populär und wurden schon mehrere Milliarden Male aufgerufen. Die Vortragenden haben maximal 18 Minuten Zeit, ihre Ideen vorzustellen. Die Themen sind inzwischen überaus umfassend, es geht um Wissenschaft, Technologie, Design, Kunst, Kultur und Business.

Inspiration: Steve-Jobs-Präsentationen. »One more thing«, pflegte Steve Jobs zu sagen, wenn er ein neues bahnbrechendes Apple-Produkt vorstellte. Geben Sie auf YouTube »Steve Jobs Presentation« ein, und genießen Sie die Show. Alles sieht ganz lässig und spontan aus, aber das ist es nicht. Steve Jobs hat seine Vorträge lange vorher immer wieder einstudiert. Er hat so lange wie ein Besessener geübt, bis sein Vortrag mühelos wirkte. Nichts hat er dem Zufall überlassen. Kurzum: Von diesem Mann kann man auch nach seinem Tod noch sehr viel lernen.

Abschließende Präsentationstipps für die Praxis.

- Üben Sie so lange, bis Ihr Vortrag mühelos und locker wirkt.
- Üben Sie so lange, bis Sie nicht mehr darüber nachdenken müssen.
- Üben Sie so lange, bis Sie sich völlig im Hier und Jetzt bewegen. Sie denken nur noch an den Vortrag und Ihr Publikum.
- »Übung macht den Meister« – altes Sprichwort.

Übung: Mimik und Gestik. Wenn ein Präsentator Mimik und Gestik einsetzt, wirkt der Vortrag lebendiger. Wir Deutschen gehen allerdings oft recht sparsam damit um – im Gegensatz zu den Italienern etwa, die gern zusätzlich mit den Händen sprechen. Üben Sie in ganz normalen Gesprächen, Ihre Hände einzusetzen und Ihre Worte mit Ihrer Mimik zu verstärken. Versuchen Sie, das zu einer Gewohnheit werden zu lassen. Davon profitiert dann auch Ihre Präsentation.

NACHHALTIG ERFOLGREICH SEIN.

SO ETABLIEREN SIE IHRE EIGENE IDEENKULTUR.

WIE DIESES BUCH LANGFRISTIG WIRKEN KANN.

Damit Sie langfristig und nachhaltig zu guten Ergebnissen gelangen, ist es empfehlenswert, sich eine eigene Ideenkultur anzueignen. Damit meine ich: Gehen Sie die Ideensuche ganzheitlich an und nicht nur kurzfristig auf den letzten Drücker, wenn es wieder mal eng wird. Machen Sie sich die Dinge zur Gewohnheit, die Ihnen in diesem Buch gefallen haben. Richten Sie nicht nur Ihre Arbeitsabläufe danach aus, sondern auch Ihr ganzes Denken.

- Gewöhnen Sie sich an, Routine zu vermeiden, wo immer sie Ihnen auffällt. Wie weit Sie dabei gehen, bleibt Ihnen überlassen.
- Probieren Sie die Ideen-Techniken aus, und finden Sie selbst heraus, mit welcher Methode Sie sich am wohlsten fühlen.
- Experimentieren Sie.
- Entwickeln Sie Ihre eigenen Methoden.

Kurzum: Bleiben Sie am Ball! Sonst werden Ihre Bemühungen womöglich nur ein kurzes Strohfeuer sein. Ideenfindung ist ein weites Feld, man kann jeden Tag neue Schätze auf diesem Feld heben. Bleiben Sie neugierig, und betrachten Sie Ihr Wissen und Ihre Erkenntnisse nie als abgeschlossen.

Nicht morgen, sondern jetzt! Ebenfalls wichtig, um dieses Buch nicht umsonst gelesen zu haben:
- Fangen Sie sofort damit an, sich zu verändern.
- Jetzt. Sofort. In diesem Moment.

Schicken Sie sich selbst eine E-Mail, in der Sie sich kurz und knapp erklären, was sich ab jetzt ändert und warum das sinnvoll und gut ist. Verschieben Sie es nicht auf morgen. Erfahrungsgemäß ist dann die Motivation deutlich abgeflaut, und der Alltag hat Sie wieder fest im Griff. Sie werden glauben, gerade keine Zeit für Veränderungen zu haben.

Also: Jetzt ist der Moment. Nicht morgen. Tun Sie sich selbst einen Gefallen, und schreiben Sie die E-Mail.

Wie Sie trotz Erfolgs Ihren Biss behalten. Wenn Sie zu großen Ideen aufbrechen und erfolgreich sind, kommt irgendwann der Punkt, an dem es gefährlich wird. Erfolg kann selbstzufrieden und träge machen. Wie Sie wissen, fängt man bei jeder Aufgabe wieder ganz von vorne an. Der Startpunkt ist immer der gleiche: ein weißes Blatt. Es ist anstrengend, sich bis zu einer exzellenten Idee voranzukämpfen. Viel schöner ist es, sich an seine bisherigen Erfolge zu erinnern und sich im Ruhm der Vergangenheit zu sonnen. Nichts könnte schlimmer für einen Kreativen sein. Wer immer selbstverliebt zurückschaut, verliert den Blick für die Gegenwart – und damit auch seinen Biss. Was tun?

»IST ES NICHT ERSTAUNLICH,
DASS WIR UNSERE
GUTEN VORSÄTZE
AM LIEBSTEN AUF DEN
NÄCHSTEN TAG
VERSCHIEBEN?
SCHLUSS DAMIT!
JETZT IST DER MOMENT.«

Eine Lösung, die ich Ihnen anbieten kann, ist, sich immer neue, noch höhere, noch ambitioniertere Ziele zu setzen. Wenn Sie in Ihrer Branche auf Bundesliga-Niveau spielen, dann streben Sie die Champions League an. Wenn Sie Champions-League-Niveau erreicht haben, dann geben Sie die Losung aus: Lasst uns Geschichte schreiben und nicht nur einmal die Champions League dominieren, sondern sogar zweimal hintereinander. Kurzum: Greifen Sie nach immer höheren Zielen, die immer dramatischer klingen.

Eine weitere Möglichkeit ist, sein Tun mit einem höheren ethischen oder sozialen Ziel zu verbinden. Nehmen Sie Alphabet beziehungsweise Google als Beispiel. Warum gibt es dieses Unternehmen? Um Geld zu verdienen, das ist der Zweck jedes Unternehmens – solange es kein reines Non-Profit-Unternehmen oder Social Business ist. Doch Geld verdienen ist profan und kaum dazu geeignet, Talente anzuziehen, zusammenzuschweißen und zu motivieren, ihr Bestes zu geben. Nein, bei Google geht es auch darum, die Menschheit voranzubringen. Das ist ein großes und wunderbares Ziel. Ein Ziel, hinter dem sich die Mitarbeiter mit stolzer Brust und leuchtenden Augen versammeln können. Überlegen Sie, ob Sie Ihr eigenes Tun nicht auch bei einem solchen höheren Ziel andocken können. Wenn Ihnen das gelingt, wird Ihre Motivation langfristig dramatisch steigen. Überlegen Sie, wie Sie dazu beitragen können, anderen zu helfen. Entwickeln Sie eine Vision, wie Ihre Ideen dazu beitragen könnten, das Leben von anderen positiv zu verändern.
Google steht nicht allein. Auch Tesla ist ein Unternehmen, das nicht einfach nur Geld verdienen will, sondern gleichzeitig einen Beitrag für eine saubere Umwelt leistet. Ein weiteres Beispiel ist The Body Shop. Die britische Handelskette für Kosmetikprodukte verzichtet auf Tierversuche und setzt sich für die Einhaltung von ethischen Grundsätzen

ein. Kunden und Mitarbeiter spüren es, wenn ein Unternehmen eine solche Mission hat. Der Effekt: Kunden werden loyaler und Mitarbeiter engagierter und motivierter.

Wie viel Arbeit gehört ins Leben? In diesem Buch ist viel davon die Rede, »seinen Biss nicht zu verlieren«, motiviert nach Moonshots zu suchen, ambitioniert und ehrgeizig zu sein, sich selbst etwas zuzutrauen und so weiter. Das ist alles richtig, aber man sollte die Ideensuche auch angemessen in den Gesamtkontext einordnen. Was der Gesamtkontext ist? Ihr Leben natürlich.

Kurz gesagt: Am Ende Ihres Lebens werden Sie nicht bedauern, zu wenig Zeit im Büro verbracht zu haben. Das Leben besteht nicht nur aus Arbeit und der Jagd nach brillanten Ideen. Gerade in der Kreativbranche haben viele diese einfache Wahrheit vergessen.

Wie kommt das? Es liegt nicht zuletzt daran, dass die Kreativbranche wie kaum eine andere Industrie tüchtigen Menschen etwas äußerst Wertvolles geben kann: Anerkennung. Menschen wollen Anerkennung. Und sie bekommen nie genug davon.

Anerkennung bietet die Kreativbranche, indem sie unzählige Wettbewerbe geschaffen hat, die exzellente Ideen mit Preisen auszeichnen. Das ist gut und schön, ich möchte das nicht kritisieren, im Gegenteil. Diese Awards sind hervorragende Instrumente, die Kreativbranche voranzubringen und zu zeigen, was möglich ist. Der negative Effekt von Awards ist, dass man eine regelrechte Sucht danach entwickeln kann. Man hechelt nur noch Preisen hinterher. Hat man den einen, möchte man den anderen. Hat man auch den anderen, möchte man den Award in Gold. Hat man ihn in Gold, giert man nach dem Grand Prix.

Das Selbstverständnis »Wir bleiben unzufrieden« meines langjährigen Arbeitgebers Jung von Matt bringt diese Haltung auf den Punkt. Unzufrieden zu sein ist ein Zustand, aus dem sehr viel entstehen kann. Aber diese Haltung allein ist gefährlich, weil sie dem eigenen Ehrgeiz keine Grenzen setzt. Denken Sie mal darüber nach.

Mein Rat: Setzen Sie Ihrer Unzufriedenheit Grenzen. Fragen Sie sich ab und zu mal, wie Sie auf Ihr Leben zurückblicken, wenn Sie auf dem Sterbebett liegen. Geht es dann wirklich darum, möglichst lange im Büro gearbeitet zu haben? Geben Sie Gas. Aber übertreiben Sie es nicht.

Im Folgenden habe ich zwei Texte zusammengestellt, die ich inspirierend finde.

Den Druck richtig einordnen.

»Wenn ich mein Leben noch einmal leben könnte, würde ich versuchen, mehr Fehler zu machen. Ich würde nicht mehr so perfekt sein wollen, ich würde mich mehr entspannen. Ich wäre ein bisschen verrückter, als ich es gewesen bin, ich würde viel weniger Dinge so ernst nehmen. Ich würde mehr riskieren, würde mehr reisen, Sonnenuntergänge betrachten, mehr bergsteigen, mehr in Flüssen schwimmen.

Ich war einer dieser klugen Menschen, die jede Minute ihres Lebens fruchtbar verbrachten; freilich hatte ich auch Momente der Freude, aber wenn ich noch einmal anfangen könnte, würde ich versuchen, nur mehr gute Augenblicke zu haben. Falls du es noch nicht weißt, aus diesen besteht nämlich das Leben; nur aus Augenblicken; vergiss nicht den jetzigen. Wenn ich noch einmal leben könnte, würde ich von

Frühlingsbeginn bis in den Spätherbst hinein barfuß gehen. Und ich würde mehr mit Kindern spielen, wenn ich das Leben vor mir hätte. Aber sehen Sie … ich bin 85 Jahre alt und ich weiß, dass ich bald sterben werde.«

(Der Text wird Jorge Luis Borges zugeschrieben, seine Urheberschaft ist aber nicht bestätigt.)

Der Tourist und der Fischer.

Ein Tourist kauft von einem Fischer frischen Fisch und ist total begeistert von der Qualität. »Wie lang haben Sie denn gebraucht, den Fisch zu fangen?«, fragt der Tourist den Fischer. »Na ja«, überlegt der Fischer, »nicht sehr lange.« »Toll«, sagt der Tourist, »aber warum bleiben Sie denn dann nicht länger, um noch mehr zu fangen?«

Der Fischer erklärt ihm, dass der Fang absolut ausreichend ist, damit seine Familie gut davon leben kann. Der Tourist fragt: »Okay, aber was machen Sie mit dem Rest Ihrer Zeit?« Der Fischer antwortet: »Ich schlafe morgens aus, fahre dann zum Fischen hinaus, spiele mit meinen Kindern, halte mit meiner Frau nach dem Mittagessen eine Siesta, gehe im Dorf spazieren, trinke dort ein Gläschen Wein und spiele Gitarre mit meinen Freunden.«

Der Tourist erklärt: »Ich hab BWL studiert und könnte Ihnen gerne helfen. Sie sollten mehr Zeit mit dem Fischen verbringen. Dann würden Sie mehr Gewinn machen und könnten ein größeres Boot kaufen. Damit würden Sie noch viel mehr fangen und hätten noch mehr Gewinn. Bald könnten Sie eine ganze Flotte haben. Statt den Fang an einen Händler zu verkaufen, könnten Sie alles direkt an eine Fischfabrik liefern – und schließlich eine eigene Fischverarbeitungsfabrik eröffnen. Am Ende könnten Sie Produktion, Verarbeitung und Vertrieb selbst kontrollieren. Sie könnten Ihr kleines Fischerdorf verlassen, könnten hinziehen, wohin Sie wollen, und könnten von dort aus Ihr florierendes Unternehmen leiten.«

Der Fischer fragt: »Und wie lange würde das dauern?«
»Ich schätze mal, so 15 bis 20 Jahre«, meint der Tourist.

Der Fischer fragt: »Und was dann?« Der Tourist lacht und sagt: »Dann kommt das Beste. Wenn die Zeit reif ist, könnten Sie Ihr Unternehmen an die Börse bringen und Anteile daran verkaufen. Sie könnten Millionen verdienen, Millionen!«
»Millionen, verstehe«, sagt der Fischer, »und dann?«

Der Tourist sagt: »Dann könnten Sie aufhören zu arbeiten. Sie könnten in ein kleines Fischerdorf ziehen, morgens lange ausschlafen, ein bisschen fischen, mit Ihren Kindern spielen, eine Siesta mit Ihrer Frau halten, im Dorf spazieren gehen, dort ein Gläschen Wein trinken und mit Ihren Freunden Gitarre spielen.«

(frei nach Heinrich Böll, Anekdote zur Senkung der Arbeitsmoral, 1963)

Bleiben Sie dran. Im Grunde kann jeder Mensch kreativ sein. Er muss nur selbst daran glauben und darf sich nicht selbst im Weg stehen. Es gibt zahlreiche Möglichkeiten, sich einer Idee zu nähern. Welche Methode Sie am Ende wählen, ist gar nicht so entscheidend. Wichtig ist die richtige Einstellung. Sie müssen daran glauben, dass Sie eine exzellente Idee hervorbringen können.

Entspannen Sie sich. Setzen Sie sich konzentriert an die Aufgabe, und lassen Sie Ihre Gedanken darum kreisen. Betrachten Sie die gegebenen Informationen aus allen Perspektiven, und spielen Sie mit ihnen. Assoziieren Sie, kombinieren Sie, experimentieren Sie. Bleiben Sie entspannt, aber hartnäckig. Geben Sie sich nicht zu früh zufrieden. Kurz gesagt: Bleiben Sie so lange sitzen, bis Sie aufspringen müssen, um die Idee jemandem zu zeigen.

Ich wünsche Ihnen viel Erfolg dabei und hoffe, Sie haben in diesem Buch einige hilfreiche Impulse für die Praxis gefunden. Vielen Dank, es war schön, von Ihnen gelesen zu werden.

ÜBER DEN AUTOR.

Philipp Barth arbeitete 13 Jahre für Jung von Matt in München, Hamburg und Stuttgart. Als Creative Director und Geschäftsleiter Kreation betreute er Marken wie BMW, Bosch, Mey, Mercedes-Benz und andere. Seit 2016 hat er sich als freier Texter, Konzeptioner und Autor selbstständig gemacht und gibt sein Wissen rund um das Thema Ideenfindung in Vorträgen und Workshops weiter. Mehr über den Autor finden Sie auf seiner Website philippbarth.com.

FEEDBACK.

Wie hat Ihnen das Buch gefallen? Schreiben Sie es mir gern persönlich: info@philippbarth.com

HERZLICHEN DANK.

Was wäre ein Buch über Ideen ohne Muse?
Herzlichen Dank an Anna für die Inspiration.
Außerdem bedanke ich mich bei meiner Lektorin Ruth Lahres für ihre Unterstützung und ihr Vertrauen.

INDEX

J

K

L

M

N

O

P

R

S